内燃機関 第3版

田坂英紀 著
Hidenori Tasaka

森北出版株式会社

第3版　まえがき

機械工学の教育では，専門基礎を学んだ後で，これらを活用する応用科目の一つとして内燃機関を学習することが望ましい．内燃機関という授業科目は，その装置の原理や構造を学ぶだけではなく，熱力学，伝熱工学，燃焼工学などの熱工学関係の内容と共に，ほかの専門科目との関係や各種の工学分野へ学生の興味を引き出すことができる，工学系の総合教育としてもっとも活用できる科目でもある．

筆者が最初に内燃機関の教科書を執筆したのは約 20 年前であり，10 年ほど前にも教育内容や学生の状況に対応するために改訂を行った．さらに，現在では機械工学の教育内容も大きく変わり，教育範囲の広がりや学習時間の相対的な減少，学生の資質などの変化もあり，教科書の記述や内容も現在の教育状況に合わせたものが必要になった．

今回の改訂は先に出版した内燃機関を基本としているが，大学や高専の教育内容・教育目的などを勘案して，大学院生や初歩的な研究者向けの章や項目は削除した．それに代わって，この科目を受講する学生に必要とされる熱力学の基本的な部分などを追加した．また，作動原理などを理解しやすくするために直接見る機会のない内燃機関の構造に関する説明を詳細に行った．さらに，内容を理解しやすくするために使用する用語の説明を多く入れるとともに，文章をわかりやすくていねいに記述し，数式の導出などにも配慮した．関係する例題も追加して授業における内容の理解度が上がるように工夫している．これらの改善によって，本書は大学・高専の教育に大いに貢献できるものと考えている．

最後に本書を出版するにあたり，森北出版(株)の関係各位，とくに原稿執筆から編集・出版に至るまでいろいろとお世話くださった同社の加藤義之氏に厚く御礼申し上げる．

2015 年 9 月

著　者

まえがき

日常生活の中で「機械」に分類されるものは数限りなくあるが，身近なものの一つとして自動車が挙げられるであろう．誰でも幼い頃は，動くおもちゃに興味をもち，その原理や構造を知りたくなって自動車や時計を分解し，組み立てられなかった記憶があるに違いない．どういうわけか，中学，高校と進み，大学へ進学する年代になると，このような機械への興味が次第に薄れていくような傾向にある気がして残念でならないが，一つの原因としては教育システムがあるかもしれない．

機械工学の専門基礎科目としては，材料力学，熱力学，流体力学，機械力学などのいくつかの科目がある．エネルギー活用の多くを分担する内燃機関は，この専門基礎科目の中の熱力学（熱機関におけるエネルギー変換を解明する学問として誕生したともいわれる）をより深く具体的に理解するためのもっとも適切なテーマであるといえる．

一方，応用技術としての内燃機関は，エネルギーや環境の問題が重要視されている現在では，出力の大きさや熱効率ばかりではなく，低公害性や用途に応じた利用，使用燃料の種類などを基準にして総合的に評価しなければならない．このような応用的な立場から総合的な判断力を養うことも，機械工学の教育および機械工学技術者の素養として重要である．

内燃機関に関する教科書は多数あるが，最近の大学，高専における教育は全体の授業時間はむしろ削減しながら機械工学の周辺領域の教育も取り込もうとしており，単一科目としての授業時間数は減少の傾向にある．そのような中で，機械工学技術者としての総合的な判断まで含めた講義内容となると，ほかの基礎科目と重複する部分は省略するか，簡潔に触れる程度にしか時間を割くことはできない．このような立場に立った，教官として使いやすい，学生にとって理解しやすい教科書が少ないことから，本書を執筆することにした．

本書はこのような立場から，ほかの専門科目で修得できる内容については省略または簡潔に記述すること，より詳細な内容について勉学したい場合には教科書ではなく専門書を参考とすること，総合的な学問体系であることから，計測や評価に関する章を設けること，教科書として授業時間を考慮した適当な量であること，などに重点を置いて記述した．

本書を執筆するにあたり，従来からの多くの内燃機関の教科書・専門書を参考にさせていただいたことはいうまでもない．

本書の執筆にあたっては，東京工業大学名誉教授・拓殖大学教授の坂田勝先生にご丁寧な校閲とご意見をいただいた．また，森北出版（株）編集部の吉松啓視氏には本書の企画から編集・完成に至るまで，編集にあたっては同部の多田夕樹夫氏に多大なご助言・ご助力をいただいた．ここに改めて御礼申し上げる．

1995 年 9 月

著　者

目　次

第1章 総論

内燃機関は，熱エネルギーを仕事に変換するもっとも身近な装置である．内燃機関の構造や作動原理を理解することは，エネルギー変換システムの基本を理解できるばかりでなく，関係する工学の多くの分野の知識や理解にもつながる．

本章では，内燃機関の定義，位置づけと利用方法を学ぶ．また，内燃機関を代表するエンジンの種類，エンジンの構造，各部分の役割と，エンジンの作動原理などについて学ぶ．

1.1 内燃機関の位置付け

熱エネルギーを力学的なエネルギーに変換する装置を**熱機関**という．熱機関は，温度の高い熱源（高熱源）から熱エネルギーを作動する気体（これを**作動流体**という）に与えて**仕事**（力学的なエネルギー）に変換して，仕事の終わった気体を温度の低い熱源（低熱源）に出す．熱機関には，作動流体に熱エネルギーを与える方法が二通りある．熱源である燃焼ガスそのものを作動流体とする**内燃機関**（internal combustion engine）と，熱交換器などを利用して燃焼した熱を間接的に作動流体に与える**外燃機関**（external combustion engine）である．

外燃機関の例としては，蒸気タービンや蒸気機関などがある．これらは，燃焼などによる熱エネルギーを外部から水や蒸気に与えて圧力の高い蒸気とする．蒸気タービンの場合は，この高圧の蒸気によってタービンを回して機械的な仕事に変える．蒸気機関では，水に熱エネルギーを与えて高圧の蒸気にして，ピストンを動かして機械的な仕事にする．

内燃機関は燃焼ガスそのものが作動流体であり，利用される範囲や数量として圧倒的に多いのが，いわゆる**エンジン**（engine）である．エンジンは自動車やオートバイ，船などの身近な交通・輸送手段の動力源になっているとともに，発電機や芝刈り機，耕耘機など，その利用範囲は非常に広い．つまり，私たちの日常生活には欠くことのできないものになっている．ほかにも，その定義からわかるようにガスタービンやジェットエンジンも内燃機関に含まれる．

本書では以上の状況から，エンジンは内燃機関と同じ意味として取り扱う．

1.2 エンジンの種類

エンジンはいろいろな視点から分類することができる．たとえば，使用する燃料の種類，燃焼を開始させる点火の方法，熱力学的なサイクル，作動原理などさまざまである．この中でいくつかのわかりやすい分類について説明する．

（1） 使用する燃料による分類

もっとも一般的なエンジンの分類は，**ガソリンエンジン**（gasoline engine）と**ディーゼルエンジン**（diesel engine）という分け方である．

エンジンに使用する燃料は，ガソリンか軽油または重油である．ガソリンエンジンの燃料としてはガソリンが使われ，ディーゼルエンジンでは軽油または重油が使用される．ガソリンエンジンの名称は使用する燃料から名付けられ，ディーゼルエンジンの名称はその原理の発明者（ルドルフ・ディーゼル：Rudolf Diesel（ドイツ））による．熱力学的なサイクルであるディーゼルサイクルもここから名前が付けられた．

（2） 作動原理による分類

エンジンがどのようにして動くかという作動原理で分類すると，**4 サイクル**（4 stroke cycle）のエンジンと **2 サイクル**（2 stroke cycle）のエンジンがある．なお，ガソリンエンジンでもディーゼルエンジンでも，それぞれ 4 サイクル，2 サイクルのエンジンがある．

4 サイクル，2 サイクルの作動原理については，1.4 節「エンジンの作動原理」で詳しく説明する．

（3） 熱力学的なサイクルによる分類

ガソリンエンジンの熱力学的なサイクルは，オットーサイクルである．ディーゼルエンジンのサイクルはディーゼルサイクルに分類される．非常に大型のディーゼルエンジンのサイクルはディーゼルサイクルに近いが，高速型のディーゼルエンジンの場合は，オットーサイクルとディーゼルサイクルの中間的なサバテサイクルである．

（4） その他の分類

（a） 点火の方法による分類　ガソリンエンジンの燃焼は，電気エネルギーの放電火花によって開始させる．一方，ディーゼルエンジンでは圧縮によって高温になった空気と燃料の混合気が自己着火することによって燃焼が始まる．このような燃焼の開始の方法の差から，ガソリンエンジンは火花点火機関，ディーゼルエンジンは圧縮点火機関とよばれることもある．

（b） 燃料の供給方法による分類　ガソリンエンジンでは燃料はほとんどエンジンの外で供給され，混合気としてエンジンに供給される．一方，ディーゼルエンジンでは，高温・高圧に圧縮されたエンジンの中の空気中に燃料を噴射する．なお，ガソリンエンジンでもエンジンの中に直接燃料を供給する方式もある．

（c） 冷却方法による分類　エンジンは高温の燃焼ガスを使用するため，エンジン自体も高温になる．そのため，エンジンそのものの機械的な強度を保つには，冷却しなければならない．冷却方法によって，水冷式，空冷式などの分類がある．

（5） エンジンの分類のまとめ

エンジンの分類には多くの分類方法があるが，ここではガソリンエンジンとディーゼルエンジンを比較してまとめたものを表 1.1 に示す．

表 1.1　エンジン分類のまとめ

	吸入するガス	点火方法	燃　料	熱力学的サイクル
ガソリンエンジン	混合気	火花点火	ガソリン	オットーサイクル
ディーゼルエンジン	空　気	圧縮点火	軽油，重油	ディーゼルサイクル（サバテサイクル）

1.3 エンジンの構造と役割

1.3.1 エンジンの構成

エンジンの全体の構成を図 1.1 に示す．ここでは主に身近でわかりやすい 4 サイクルガソリンエンジンを例に説明する．ディーゼルエンジンも基本構造は同じであるが，ディーゼルエンジンだけにある装置もあり，それらは第 8 章であらためて説明する．

エンジンは燃焼室などの重要な部分がある本体以外にも，エンジンとして機能させるためにつぎのようなものが必要となる．

エンジンに新しい空気や混合気を取り入れる経路では，初めに，空気中のごみなどが

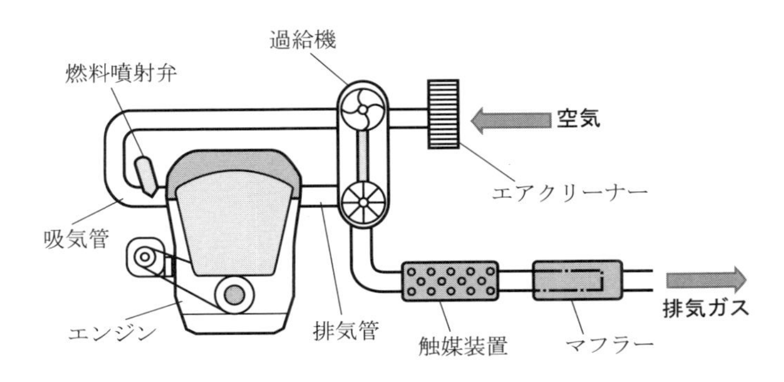

図 1.1　エンジン全体の構成

吸入しないようにする濾過装置としてエアクリーナーがある．流れの経路にはそのあとに燃料を供給するための気化器または燃料噴射弁がある．エアクリーナーや燃料供給装置とエンジンをつなぐ管路が吸気管（インテークマニフォールド）である．過給機を付ける場合にはここに過給機を付けて吸入する新気を圧縮し，エンジンの出力を上げる．エンジンで熱エネルギーを仕事に変換した後に，燃焼ガスを排気する管路を排気管（エキゾーストマニフォールド）という．排気タービン過給機がある場合は排気ガスはここでタービンを回して仕事をし，吸入する空気を圧縮する．その後，排気ガスを浄化するための触媒装置を通り，排気音を少なくするための消音器（マフラー）を経由して大気に放出される．

これ以外にも燃焼を開始させる装置，潤滑油をエンジンの各部分に供給するシステム，冷却装置などさまざまな機構が必要になる．これらについては後の章で詳しく説明する．

1.3.2 エンジンの構造と役割

エンジンの燃焼や熱エネルギーを回転力に変える主要部分の構造を図 1.2 に示す．図にあるように，エンジンの上部には燃料を燃焼させる**燃焼室**という空間がある．この空間で燃料を燃焼させ，燃焼室内の圧力をあげ，仕事に変換する．この燃焼室の周

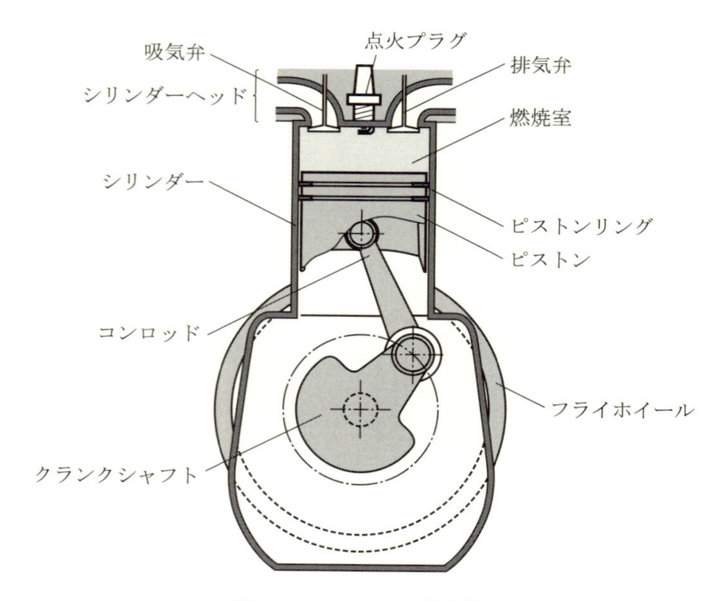

図 1.2 エンジンの基本構造

囲にはシリンダーとよばれる円筒状の壁と，上には燃焼室の蓋となるシリンダーヘッドがある．下には燃焼による圧力のエネルギーを往復運動に変える力を受けるピストンがある．この三つの要素で囲まれた部分が燃焼室である．

燃焼室で燃焼ガスの圧力を受けたピストンは，その力をコンロッドを経由してクランクシャフトに伝え，往復運動をクランクシャフトの回転運動に変えて出力軸の動力として取り出す．

熱エネルギーは，燃料と空気の混合気体としてエンジン内に入れる．そのために，ピストンの動きに連動した吸気弁を開いてエンジン内に混合気を吸入し，燃焼させて回転力としての仕事を取り出した後の燃焼ガスは排気弁を通してエンジンの外に排出される．

エンジンの回転をスムーズにするためと，膨張行程以外の動作をさせるために，フライホイールでエンジンの出力エネルギーの一部を蓄える．

エンジンが回転して出力を出す作動原理については，1.4 節で詳しく説明するとして，ここでは主要部品について説明する．

（1）　シリンダーヘッド

シリンダーヘッド（cylinder head）は，燃焼室の上部にあるカバーである．ここには図 1.3 に示すように，吸気弁，排気弁，点火プラグが付けられている．吸気弁は新しい燃料と空気の混合気（または空気）を取り入れるための弁であり，混合気（または空気）を吸い込むときにだけ開かれる．

エンジンに混合気を導く管路のうち，シリンダーヘッド内部の部分を吸気ポートという．排気弁は仕事が終わった燃焼ガスをエンジンの外へ排出するための弁で，燃焼ガスを排気するときにだけ開かれる．排気弁があるシリンダーヘッド内の管路の部分

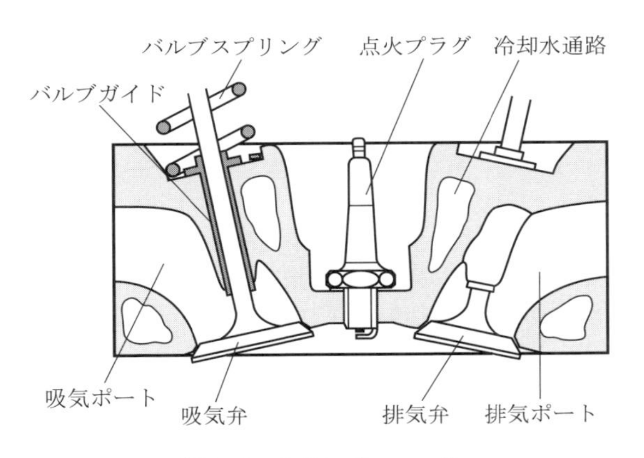

図 1.3　シリンダーヘッド

は排気ポートとよばれる．

点火プラグは燃焼を開始させるために電気火花を放電させる電極で，多くはシリンダーヘッドの中央付近に配置する．燃焼ガスの高温にさらされるため，耐熱性の構造になっている．

（2） シリンダー

燃焼室の周囲の円筒部分は**シリンダー**（cylinder）とよばれる．この部分は，運動はしないが燃焼ガスの圧力を受けるので，強度が必要である．また，高温の燃焼ガスにさらされるので，強度を保つために周辺を水や空気で冷却する必要がある．

シリンダー数の多いエンジンは，シリンダーブロックとよばれる鋳物で作られ，冷却水路を含めて一体で作られ，シリンダーの部分は機械加工によって仕上げられる．また，シリンダー部分をシリンダーライナーという筒状の部品で作り，シリンダーブロックに圧入してシリンダーとする場合もある．

シリンダーの内壁は研磨する場合が多いが，潤滑油の保持のためにわずかに凹凸を残す特殊な加工を行う場合もある．

Column エンジンシリンダーの摩耗

エンジンのように１分間に何千回も回る機械では摩耗が問題になる．とくに，もっとも重要な部品であるシリンダーとピストンの摺動部分の摩耗は，性能に直接影響する．実際には潤滑が十分に行われ，また潤滑油の特性も改良され，通常の使用で摩耗が原因の故障は非常に少なくなった．ただし，長期間使用すれば当然ピストン，ピストンリング，シリンダーライナーの摩耗が起こる．このような場合は，摩耗状態に応じてつぎの修理を行う．

（１） 摩耗が少ない場合には，摺動部分であるピストンリングの交換を行う（ただし，ピストンリングだけが減るわけではないので，抜本的な対策ではない）．

（２） 摩耗がさらに進んでいる場合には，ピストンの交換を行う．ピストンにはこのような整備用に直径のわずかに大きいピストン（オーバーサイズ）が用意されている．

（３） 摩耗がひどい場合には，機械加工によって，シリンダーの直径をほんのわずか大きくする加工を行う．

摩耗が大きい場合にはこれらすべてを行わないと，エンジンの基本的な性能を復活することはできない．長期間利用し，価格も高い大型のディーゼルエンジンではいまでもこのような修理が行われる．潤滑の重要性や方法については第９章で説明する．

(3) ピストン

ピストン（piston）は図 1.4 に示すような，燃焼圧力を受け，クランクシャフトに力を伝える重要な部品である．燃焼室を構成するほかの壁面と違って，ピストンは運動するため，①燃焼圧力を受ける強度があること，②その燃焼ガスをシリンダーとの間から漏れないようにすること，③燃焼ガスの高温にも耐えられること，④運動するので質量ができるだけ小さいこと，など多くの難しい要求がある．

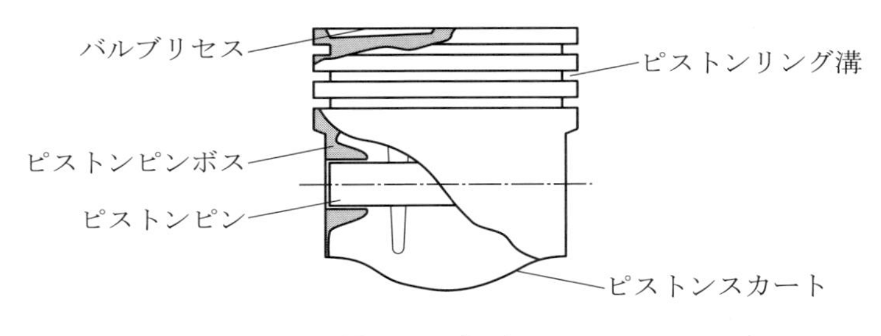

図 1.4 ピストン

これらの要求に対して，強度や冷却，質量の低減のために，アルミ合金が用いられる．ピストンは動く部品であるため，シリンダーのように水冷することはできない．受けた熱は摺動面である周囲のシリンダーに逃がすことと，ピストンの下から噴射される潤滑油に伝えることによって熱に耐えられるようにしている．

ピストンは，軽量化のためにピストンの高さを低くする傾向がある．コンロッドとの力の受け渡し部である**ピストンピン**以下のピストンの部分は不必要に思われるが，これはピストンピンの回りでわずかにピストンが傾く，首ふり現象を抑えるためにある．

ピストンの形状は一般に真円ではなく，わずかに楕円に作られている．これはピストンの構造が非対称であることにより，方向によって熱膨張による変化が異なるためであり，定常運転の温度のときに真円になるように設計されている．また，ピストンの一番上の面は吸排気のバルブと干渉しないように逃げ（バルブリセス）が設けられている．

(4) ピストンリング

動くピストンと固定されたシリンダーの間の気密性を上げるために，ピストンの上部には**ピストンリング**が設けられている．ピストンリングは，上部に圧縮リング（compression ring）2 本，下部にオイルリング（oil ring）1 本を付けるのが一般的である．圧縮リングは気密性を上げるためのもので，2 本あるのはその気密性を向上させるためである．オイルリングには，潤滑用の油の保持と，ピストンの下部から供給された潤滑油が燃焼室のほうに上がって燃焼に悪影響を及ぼさないように，オイルをかき落とす役目がある．

摺動部分の摩擦抵抗を少なくするために，ピストンリングの厚さは非常に薄くなっている．

（5） 吸排気弁

新しい空気または混合気をエンジンに取り入れ，燃焼ガスを吐き出すために，**吸気弁**と**排気弁**がある．普通はきのこ型の弁で，弁の最大直径はシリンダー径の 1/3 程度である．吸排気弁は一つのシリンダーにそれぞれ複数付けられることもある．

（6） クランクシャフト

ピストンの往復運動を回転運動に変える出力軸で，もっとも重要な構造部品の一つが**クランクシャフト**（crank shaft）である．図 1.5 にクランクシャフトの一例を示す．強いねじりを受けるため，鍛造で作られ，エンジンの部品としては重量がある．後で説明するコンロッド大端と接触する軸受部分は精密に研磨される．また軸受部分を潤滑する油穴も付けられている．回転運動のバランスをとるために，回転軸の中心に対してコンロッドの軸部分の反対側にバランスウエイトが付けられる．

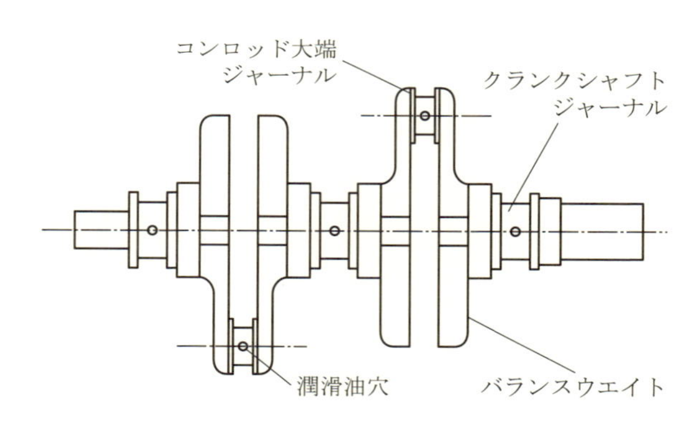

図 1.5 クランクシャフト

（7） コンロッド

図 1.6 に示すようなピストンの動きをクランクシャフトに伝える部品を**コンロッド**（con-rod, connecting rod）という．コンロッドのピストン側は，ピストンピンでピストンの力の受け渡しをする．ピストンピンは，ピストンの高さ方向の中間あたりに設置された回転可能な円筒の軸である．ピストンとピストンピンの間，およびピストンピンとコンロッドの間は回転可能なものが多い．コンロッドのクランクシャフト側はコンロッド大端とよばれ，クランクシャフトの軸を抱え込む部分は 2 分割の構造で

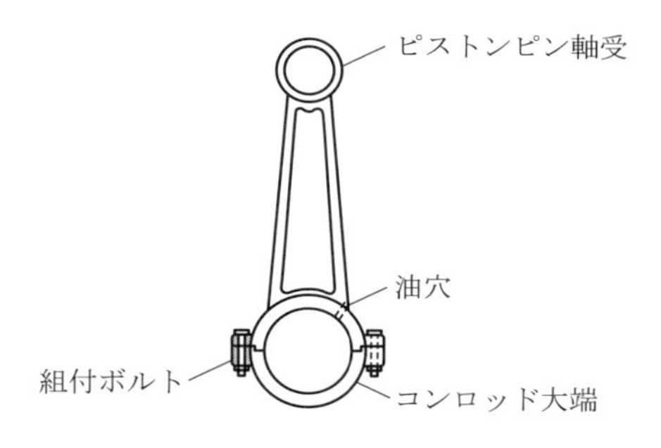

図 **1.6**　コンロッド

組み立てできるようにしてある．接触面には摩擦抵抗を減らし，潤滑をしやすくするメタルが付けられている．コンロッド大端には，シリンダーを潤滑するための潤滑油を噴き出させる小さな油穴もある．

（8）　フライホイール

フライホイール（flywheel）とは，いわゆるはずみ車である．後で説明するように，エンジンはいつも仕事をしているわけではなく，空気を吸入し，燃焼ガスを排気する過程ではその動作をするためのエネルギーが必要となる．そのために，出力の一部をこのフライホイールに回転エネルギーとして蓄え，吸排気を行うためのエネルギーとして使う．また，エンジンの回転むらを抑えるはたらきもする．

フライホイールは比較的大きな円板で，中心付近より周辺のほうが厚い．これは同じ質量のフライホイールである場合に，周辺に質量があるほうが慣性モーメントを大きくすることができるからである．

エンジンの回転変動は，シリンダーの数が少ないものほど大きくなるので，慣性質量の大きなものが用いられる．シリンダー数の多いエンジンは回転変動は少ないが，吸入・圧縮のエネルギーは必要なため，必ず付けなければならない．

自動車用などの動力源としては軽量化が必要であり，エンジン自体の質量はできるだけ少なくしたいので，重量と慣性モーメントの兼ね合いで設計される．また，フライホイール本来の役目ではないが，周囲には，エンジンを始動するときのスターターの動力を受ける歯車を付ける場合が多い．

（9）　ピストンクランク機構の役割

往復運動を回転運動に変えるシステムがピストンクランク機構である．クランクシャフトの半径を r，その回転角を θ，コンロッドの長さを l とすると，燃焼室内の容積 V と θ との関係は次式のようになる．なお，ここではコンロッドの長さ l とクランク半径 r の比を λ，圧縮比を ε，下死点の体積を v_1，上死点の体積を v_2 としてつぎのように定義する.

$$\lambda = \frac{l}{r} \tag{1.1}$$

$$\varepsilon = \frac{v_1}{v_2} \tag{1.2}$$

$$V = \frac{\pi}{4} d^2 \cdot 2r \cdot \left[\frac{1}{\varepsilon - 1} + \frac{1}{2}(1 - \cos\theta) + \frac{\lambda}{2} \left(1 - \sqrt{1 - \frac{\sin^2\theta}{\lambda^2}} \right) \right] \tag{1.3}$$

(10)　動弁機構

吸排気弁を動かす機構は，回転軸の中心からの距離が異なる**カムシャフト**のカムの変位を利用する．カムシャフトの回転によって軸の中心からのカムの高さの変化を利用して，弁を動かす．詳しくは第6章の動弁機構のところで説明する．

(11)　その他の装置

（a）　燃料供給装置　　ガソリンエンジンでは，エンジンの入口側の管である吸気管に，燃料を供給するための気化器または燃料噴射弁が取り付けられる．また，エンジン内に直接燃料を噴射する場合もある．燃料供給装置については第7章であらためて説明する．

（b）　潤滑装置と冷却装置　　摺動や回転部分が多いエンジンでは，各部分での潤滑が必要である．ピストン（ピストンリング）とシリンダーの間の摺動面だけでなく，コンロッドとクランクシャフトとの間，クランクシャフトとエンジンブロックとの間，動弁機構の各部分など，潤滑しなければならない部分が非常に多い．また，燃焼ガスの熱の影響を多く受ける部分も潤滑するので，潤滑油の冷却も必要となる．潤滑と冷却の機能についてはあらためて第9章で説明する．

（c）　点火装置　　ガソリンエンジンでは燃焼を開始させるために，火花放電を行う装置が必要である．また，燃焼を開始させるためのもっとも良い時期に点火する機能や，シリンダーごとに配分する装置も必要になる．詳しくは第7章で説明する．

（d）　燃料供給装置　　燃料噴射を行う燃料噴射装置または気化器とよばれる装置が必要となる．詳しくは第7，8章で説明する．

（e）　過給機　　これは必ずしも必要ではないが，同じ大きさのエンジンで出力を大きくしたいときには過給機を付けることが一般的になっている．関連する内容を第6章で説明する．

（f）　その他　　これ以外にも一般に使用できるようにするには，エンジンにゴミが入らないように，吸気系の先端にはろ紙（エアークリーナー）が付けられる．また，排気系には排気ガスの有害成分を減らすための触媒装置や排気音を小さくするための消音器（マフラー）が付けられる．もちろん，燃料を保存しておく燃料タンクやポンプなども必要になる．

このような装置がすべてそろって，はじめてエンジンが正常に機能する．

1.4 エンジンの作動原理

1.4.1　エンジンに用いられる用語

エンジンの作動原理を学ぶために必要な構造と名称を説明する．さらに細かい構造や名称については，必要に応じてその項目のところで述べる．

エンジンの基本的な構造は図 1.2 に示したとおりで，ここでは主としてガソリンエンジンを例にして説明する．前のエンジンの構造や部品の説明と重複する部分もあるが，重要な用語はここでも再度説明する．

エンジンの中央部には熱エネルギーを発生させる**燃焼室**（combustion chamber）がある．これは円筒状のシリンダーとその上にあるシリンダーヘッド，下にあるピストンで囲まれた空間で，ここで燃焼が行われる．シリンダーヘッドには 4 サイクルエンジンでは吸気弁と排気弁が付けてあり，ガソリンエンジンでは電気火花で燃焼を開始させる点火プラグも備えられている．ディーゼルエンジンでは，点火プラグはなく，燃料を供給する燃料噴射弁がついている．

燃焼室内で燃焼した熱エネルギーは作動ガスの圧力を上昇させ，これがピストンを動かすことによって機械的エネルギーに変換される．さらに，ピストンの往復直線運動を回転運動に変えるためのピストンクランク機構がある．クランクシャフトは回転力を得るための出力軸である．直線の往復運動をするピストンと回転運動をするクランクシャフトをつなぐ部材がコンロッドである．

また，後で説明するように，エンジンはつねに仕事をしているわけではないので，エネルギーの一部を蓄えておくことと，エンジンの回転をスムーズにするためにフライホイールを備える必要がある．

ピストンはシリンダーの中を上下に運動するが，そのもっとも上に上がった位置（正確にいうと，横おきや倒立のエンジンもあるので「クランクシャフトからもっとも遠くなる位置」と定義する）を**上死点**（top dead center：TDC）といい，逆に一番下に下がった位置（同じく「クランクシャフトにもっとも近くなる位置」と定義する）を**下死点**（bottom dead center：BDC）という．

シリンダーまたはピストンの直径を**ボア**（bore）といい，上死点と下死点の間をピストンが動く距離を**行程**（**ストローク**．stroke），その体積を**行程体積**（**行程容積**．stroke

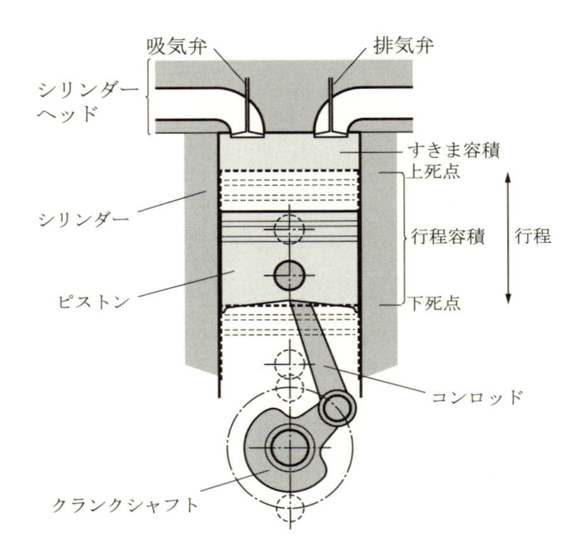

図 1.7　エンジンの構造と用語

volume）という．エンジンの構造と部品の説明をまとめて図 1.7 に示す．

上死点位置においてもピストンの上には空間が残っており，このときにピストンとシリンダーヘッドの間にできる体積を**すきま容積**（clearance volume）という．

吸入した新しい気体を圧縮する比率を表す因子として**圧縮比** ε（compression ratio）があり，これは下死点におけるシリンダー内容積（行程容積 V_s とすきま容積 V_c との和）とすきま容積 V_c との比であり，次式で定義される．

$$\varepsilon = \frac{V_s + V_c}{V_c} \tag{1.4}$$

圧縮比は熱効率と密接な関係にある重要な因子である．

Column　行程容積と排気量

本書では，ピストンの移動できる体積である行程容積という用語をよく使う．一方，日常会話ではエンジンの排気量という用語がある．エンジンの機能の説明では，シリンダーが多くある多気筒のエンジンでも，シリンダーが一つの単気筒のエンジンでも，行っている動作は同じなので，行程容積という用語を使う．一方，日常会話の排気量という用語はエンジン全体としての大きさをいっている．つまり，排気量は（行程容積）×（シリンダー数）である．シリンダーが一つの単気筒エンジンでは，排気量と行程容積が同じになる．

1.4.2　4 サイクルエンジンの作動原理

エンジンには，4 サイクルのエンジンと 2 サイクルのエンジンがある．ここでは身近でその原理がわかりやすいガソリンエンジンを例にしてエンジンの作動原理を説明する．

4 サイクルエンジン（4 stroke engine，4 stroke cycle engine）は，四つの行程（ストローク）で一つのサイクルを完結する形式のエンジンである．四つの行程はピストンの動きとしては 2 往復となり，クランクシャフトでは 2 回転で一つのサイクルが終わることになる．

それぞれの行程はつぎのようになる．各行程のイメージを図 1.8 に示す．

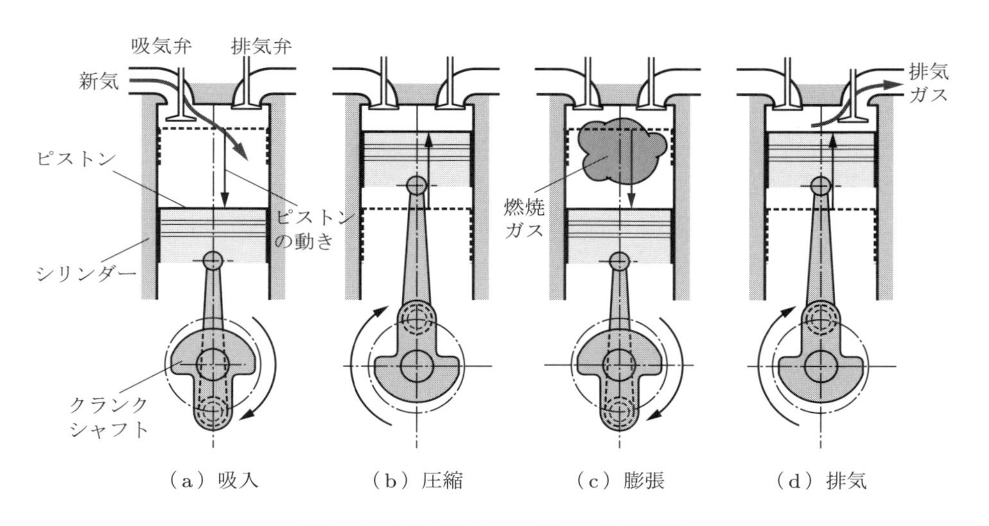

図 **1.8**　4 サイクルエンジンの作動原理

（1）　吸入行程（または吸気行程）（intake stroke）

ピストンが上死点から下死点に向かって下がることにより，シリンダーの中を負圧にして，エンジンの中に新しい混合気または空気を吸入する．このとき，吸気弁だけが開いていて，排気弁は閉じている．

（2）　圧縮行程（compression stroke）

吸気弁が閉じ，排気弁も閉じたままの状態で，ピストンが下死点から上死点に向かって上がる．これによって吸入した混合気または空気を圧縮し，温度と圧力を上げる．

（3）　膨張行程（expansion stroke）

上死点付近で混合気に点火し，ごく短い時間で燃焼させる．燃焼によってシリンダーの中の混合気は高温，高圧の燃焼ガスになる．この過程はエネルギーを発生させる重要なプロセスであるが，上死点付近で行われ，ピストンはほとんど動いていないので独立した一つの行程としては取り上げない．この燃焼圧力でピストンを押し下げ，エンジンとして仕事をする．ピストンは上から下へ動く．燃焼後の膨張行程でも吸気弁，排気弁は閉まっている．

（4）　排気行程（exhaust stroke）

閉じていた排気弁を開き，ピストンが上がることによって仕事をした燃焼ガスをエンジンの外に排気する．

この四つの行程の繰り返しでエンジンが動く．ただし，実際にエンジンが仕事をするのは膨張行程のみであり，それ以外の行程ではエンジンとしては仕事をされる（エネルギーを消費する）ことになる．この期間の仕事は，膨張行程でのエネルギーの一部をフライホイールに蓄えて行うことになる．

1.4.3　2サイクルエンジンの作動原理

2サイクルエンジン（2 stroke engine，2 stroke cycle engine）は，二つの行程（ストローク）で一つのサイクルを完結するエンジンで，二つの行程はピストンの動きとしては1往復となり，クランクシャフトでは1回転で一つのサイクルが完結する．

4サイクルエンジンのように圧縮，膨張などの行程は明確には分かれていないが，機能が対応するように説明するとつぎのようになる．ここでは小型エンジンによく利用されるクランクケース圧縮式のガソリンエンジンについて，各過程（プロセス）の説明をする．一つの行程（ピストンの1方向の動き）に複数の機能があるので，ここでは機能をプロセスとよぶ．作動原理の説明図を図1.9に示す．

4サイクルエンジンの弁に相当するものは，シリンダーの下部にある穴であり，運

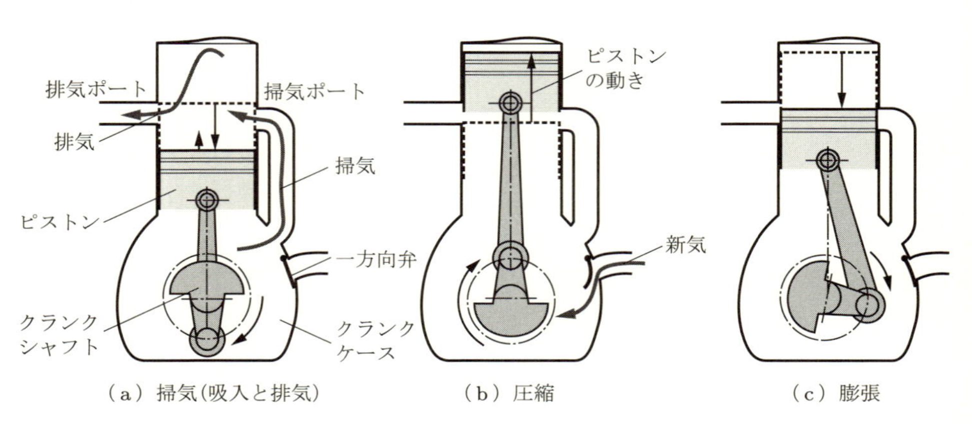

図 1.9　2サイクルエンジンの作動原理

動するピストンによって閉じられたり開かれたりすることで弁の役目を果たす．吸気を行う穴は掃気ポート，排気を行う穴は排気ポートという．

（1） **吸入プロセス**（掃気プロセスの一部）

ピストンが上死点から下死点に向かって下がる膨張のプロセスの後半で，掃気ポートよりピストンが下がり，掃気ポートが開くと，クランクケースで圧縮された混合気が掃気ポートからシリンダー内に流れ込む．

（2） **圧縮プロセス**

掃気のプロセスに続いてピストンが下死点から上死点に向かって上がっていく．シリンダーの中に入った混合気は，排気ポート（または掃気ポート）が閉じた後のピストンの上昇の過程で圧縮される．圧縮はこのポートが閉じてから有効になるので，ピストンが下死点から上死点までの間のすべての区間で圧縮されるのではなく，ピストンが上がっていく後半の部分だけで圧縮される．これによって吸入した混合気または空気を圧縮し，温度と圧力を上げる．

一方，クランクケース側で考えると，ピストンの上昇によってクランクケースの体積は大きくなるので，その内部の圧力は負圧になり，これを利用してクランクケース内につぎのサイクルのための新気を吸入する．

（3） **膨張プロセス**

上死点付近で混合気が点火され，ごく短い時間で燃焼する．燃焼によってシリンダーの中は高温，高圧の燃焼ガスになり，ピストンを押し下げる．膨張プロセスではピストンが下がって，排気ポートが開くまで仕事をする．排気ポートが開いた後は燃焼室内の圧力は急激に下がり，そこから下死点までの仕事は小さい．

一方，このピストンが下がる過程ではクランクケースの容積は小さくなるので，先に吸入していたクランクケースに吸入された新気が加圧され，つぎのサイクルに使われる掃気（混合気）となる．

（4） **排気プロセス**（掃気プロセスの一部）

ピストンが下がって排気ポートが開くと，シリンダーの中の圧力は高いので，排気ポートから燃焼ガスが外部へ排気される．普通はこの直後に新気を供給する掃気ポートが開き，加圧された新気がシリンダーに入る．このプロセスでは排気と新気の吸入がほぼ同じ時期に行われ，新気が排気を追い出す効果もあるので，**掃気**という言葉が使われる．

この 4 プロセスを繰り返してエンジンが動く．

Column サイクルという名称

現在では，4サイクルエンジンとか2サイクルエンジンというよび方が普通になったが，たとえば「4サイクルエンジン」は正確には「4ストロークサイクルエンジン」の意味で，四つのストローク（行程：ピストンの1方向の動き）で一つの「サイクル」が完結する，という意味である．省略するときに「ストローク」を省略してしまったので，表現がおかしくなったようだ．

1.4.4 4サイクルエンジンと2サイクルエンジンの比較

4サイクルエンジンと2サイクルエンジンの特徴を比較する．

（1） 出力による比較

4サイクルエンジンはクランクシャフト2回転で1回の仕事をするのに対して，2サイクルエンジンは1回転で1回の仕事をする．このため，単純に考えると，4サイクルエンジンより2サイクルエンジンのほうが出力が大きくなることになる．しかし，実際には作動原理で説明したように，2サイクルエンジンでは，仕事をする膨張行程はピストンが上死点から下死点まで移動する行程のすべてにおいて圧力を力に変換できるわけではなく，排気ポートが開いたピストン位置で急激にシリンダー内の圧力は下がり，その後のピストンの動きの部分では力としてはほとんど取り出せない．つまり，膨張行程の後半では多くの仕事をしないことになる．したがって，2サイクルエンジンのほうが単純に高い出力になるわけではない．同じ行程容積のエンジンでは，実際にはどちらのサイクルのエンジンもほぼ同程度の出力である．

（2） 排気ガス

吸入，圧縮，膨張，排気の4行程が正確に行われる4サイクルエンジンでは，燃焼状態が安定している．このため，排気ガス対策のための排気ガス再循環（詳しくは第10章で説明する）などを行いやすく，また燃焼後の触媒による排気ガス浄化もしやすいことなどから，排気ガス対策に向いている．一方，2サイクルエンジンでは，燃料の一部が燃焼しないで出ていってしまうことが構造的に避けられないので，排気ガス対策には向いていない．そのため，現在は，自動車用ガソリンエンジンでは2サイクルエンジンは使われていない．

（3） 回転のなめらかさ

2回転に1回の力を出す4サイクルエンジンと，1回転に1回出力のある2サイクルエンジンでは，2サイクルエンジンのほうが回転がなめらかである．ただし，2サイクルエンジンは，とくに低速においてエンジン内の混合気の中に残る前のサイクルの燃焼ガスの量が不安定になり，2サイクルエンジン特有の燃焼変動が起こる．

(4) 構造

2サイクルエンジンは各行程が明確に分離できないが，吸気弁，排気弁とそれを動かす動弁機構がなく，構造が簡単であるというメリットがある．構造が簡単であるということは，故障が少なく，製造コストも低く，エンジンの軽量化にもつながる．

(5) エンジンの大きさ，質量

構造が簡単であることは，小型軽量化が可能であり，2サイクルエンジンはこの意味では有利である．

以上のように，4サイクルエンジン，2サイクルエンジンともそれぞれにメリットがあり，使用目的によって有効に利用されている．

1.5 エンジンの課題

1.5.1 エンジンの現状

エンジンは人や物資の移動のための自動車，船，オートバイなどの動力源として，また発電機などの固定式の動力源として広く普及している．一方，エネルギー源である石油の枯渇化と地球環境への負荷の面から，エンジンへの要求はますます厳しいものとなってきている．

地球温暖化の大きな因子といわれている CO_2 の排出という環境負荷については，炭素を含んだ燃料を燃やす以上，その排出は避けられない．これについて，いままでにも非常に多くの研究開発と努力によって改善されてきた．エネルギー利用方法については，今後もさらなる総合的な熱効率の向上が求められる．また，燃焼時に発生する有害な窒素酸化物，燃焼しないで出ていってしまう燃料の炭化水素，燃焼が不完全な場合に出てくるCO，とくにディーゼルエンジンで問題とされる微粒子（PM）の削減など，解決しなければならないエンジンの課題は山積みである．

移動，運搬を目的とする自動車の動力源としては，動力源の大きさや重さが小型で軽量であることが望まれる．また，エネルギー源の質量あたり，体積あたりに発生できるエネルギー量が大きいという条件を満たす必要があり，エネルギー源を確保する燃料タンクに相当する部分も小型，軽量である必要がある．

1.5.2 炭化水素燃料のこれから

経済的な条件も考慮して，石油系燃料はどうなるのであろうか．日本では，原油の大部分を中東からの輸入に依存しているため，OPECや中東諸国，ロシアの政治情勢

から目が離せない．一方，世界的にみて，石油を大量に消費していながら，石油の可採埋蔵量はここ何年もほとんど変化していない．これは地球上にある限られた資源という観点から理論的におかしい．この理由は，一つには新しい油田が発見されていること，もう一つには技術の進歩により，いままで採掘が不可能であったり，また採掘しても採算がとれなかった油田での採掘が可能になったことによる．

2014年からはアメリカにおいて岩盤にしみこんでいる石油成分（シェールオイル）を採掘する技術が実用化され，アメリカはまた巨大な産油国になった．また，石油系以外でも日本近海を含めて世界の各地で大量の存在が確認されているメタン（メタンハイドレート）もこれからの燃料として有望視されている．

このようにして考えると，エネルギー源としての石油または炭化水素は有限ではあるが，しばらくは利用できそうである．

■ 1.5.3 省エネルギー対策

熱効率の向上と資源の有効利用，低公害化のためには，エンジンや自動車に対する省エネルギー化や新しい動力源の開発も必要である．

（1） ハイブリッド自動車

自動車の省エネルギー化の一つの方策としてハイブリッド自動車がある．これは自動車用の動力源として，エンジンとモーターを併用する方法である．効率についてそれぞれの良い点を利用して，総合的に効率を改善する．ただし，一台の自動車に二つの動力源を使用しているため，製作にかかる費用，それに必要な材料，製作に必要なエネルギーなどの課題がある．そのため，省資源，省エネルギーの対策としては短期的なものと考えられる．詳しくは，10.3節で述べる．

（2） ふたたび現在のエンジン

現在検討や開発されている次世代動力源は燃料電池やモーター（電力），つまり自動車でいえば燃料電池車や電気自動車である．価格，走行距離を含む性能，燃料となる水素や電力の供給方法などの社会基盤の整備には，なお多くの時間が必要である．

一方，炭化水素燃料は枯渇が心配されているが，石油の可採年数は40年以上あるというデータもある．また，シェールオイルが実用化されて，大量に生産されており，メタンハイドレートの実用化も徐々にではあるが進んでいる．このように，燃料の多様化が図られているため，炭化水素燃料の確保という観点からは，現在のエンジンは当分利用できることになる．

環境負荷の問題などから石油系燃料を使用する現在のエンジンは，ある時期から次第に減少し，次世代の動力源と入れ替わっていくことになるだろう．

Column　これからの動力源の可能性

自動車の動力源として，今後，可能性がありそうなものは，電気エネルギー（電気自動車）と燃料電池による電力（燃料電池車）である．

電気自動車は，走行時には自動車そのものからは公害を発生させる排気ガスなどは出ない．しかし，バッテリーに蓄えた電力を利用するため，その電気エネルギーの発生方法に注目する必要がある．つまり，電力の発生方法として火力発電所で作った電力を使用するのでは，エネルギーの変換効率はエンジンを利用した自動車よりは良いものの，CO_2 の削減効果としては画期的に大きいわけではない．太陽光発電などの再生可能エネルギーを利用すれば，エネルギーの多様化と低公害化が図れる．燃料電池は水素を燃料として電力を発生させるため，電力の発生に際して公害源となる排気ガスは出ない．しかし，燃料である水素を水の電気分解として得るのであれば，電気自動車と同じようにそれに必要となる電力の発生方法が問題となる．また，自動車のような移動手段に使用する場合には，水素を供給する社会基盤の整備も必要になる．

演習問題［1］

1.1　エンジンのサイクルでは高熱源と低熱源として何を用いているか説明しなさい．

1.2　エンジンの燃焼室はどの部分をいい，どのような役割であるかを説明しなさい．

1.3　エンジンの構造部品で重要でありながら，あまり目立たない部品にフライホイールがある．どのような役目であるかを説明しなさい．

1.4　エネルギーの発生から出力軸の出力までの経緯を簡単に説明しなさい．

1.5　2サイクルエンジンでは4サイクルエンジンの作動説明では使われない掃気という用語がある．なぜこのようによばれるかを含めてこの用語の意味を説明しなさい．

1.6　4サイクルエンジンでも2サイクルエンジンでもエネルギーを発生する燃焼という過程は非常に重要である．しかし，エンジンの行程という分類の中には含まれていない．その理由を説明しなさい．

1.7　エンジンを（1）燃焼方式，（2）点火方式，（3）熱力学的なサイクルから分類しなさい．

1.8　シリンダー直径 80 mm，行程 90 mm，すきま容積 50 cm^3 でシリンダー数が4のエンジンがある．このエンジンの行程容積，圧縮比，排気量を求めなさい．

第2章 エンジンの熱力学

エンジンの熱効率を理論的に理解するには，熱力学的な解析が必要となる．

本章では，エンジンの熱力学的なサイクルの仮定として理論空気サイクルの条件を理解する．また，エンジンの基本的なサイクルであるオットーサイクル，ディーゼルサイクル，サバテサイクルを理解し，その理論熱効率を求める．さらに，燃料空気サイクルと実際のサイクルとではどのような差があるかを学ぶ．

2.1 熱力学の基礎

エンジンの熱力学的なサイクルを理解するためには，熱エネルギーに関する基本的な知識が必要となる．ここでは，熱力学的なサイクルに関係の深い温度，熱，気体の状態変化，仕事などについて確認をしておく．

2.1.1 温度，比熱，熱量など

(1) 温度

温度はそのものの熱エネルギーのレベルを示す基準である．一般的には摂氏 [°C] が使用されるが，熱力学的には絶対温度 [K] で表示することが多い．摂氏の温度スケールは人間の生活に関連の深い水の状態を基準として決められ，標準大気圧の条件で純粋な水が液体から固体に変化する温度を 0°C，同じく液体から気体へ変化する温度を 100°C と決めている．

絶対零度 0 K は熱エネルギーがまったく存在しないという仮想の基準温度である．摂氏で表示すると −273.15°C となる．なお，絶対温度と摂氏の温度の刻み幅の 1 度分は同じである．

Column　過冷却と突沸

摂氏温度の基準点の一つは，水が液体から気体への相変化の温度を 0°C としているが，実際には水を冷やす場合に，ゆっくり，かつ流動を与えないで冷やしていくと，0°C になっても固体（氷）にならない現象が起こる．これを過冷却という．また同じように 100°C の基準温度での相の変化が起こらない現象が水（液体）から水蒸気（気体）になるときにも起こる．液体の動きや，加熱容器に凹凸や汚れが

あると，このような現象は起こりにくい．危険回避の意味から液体を加熱する場合に作為的に容器に凹凸を付けるなど，突然の沸騰現象である突沸を避ける工夫がされている場合もある．

(2) 比熱

単位質量の物質の温度を単位温度差だけ変化させるために必要な熱量を比熱という．一般には，質量 1 kg または 1 g の物質を 1 K（1°C）上げるために必要な熱量であり，単位は［J/(kg·K)］または［J/(g·K)］である．固体や液体では温度によってあまり大きな変化はないが，気体では温度によって変わるものが多い．比熱は一般的に記号 c で表される．気体の場合には一定圧力の条件で熱を与える場合と一定容積の条件の場合では比熱が大きく異なる．一定圧力の条件の場合の比熱を定圧比熱 c_p，一定容積の条件の場合の比熱を定容比熱 c_v という．

(3) 熱量

熱エネルギーの量を表すものが熱量で，一般的に記号 Q が用いられる．単位は通常はジュール［J］で，稀に従来使用されていたカロリー［cal］で表されることもある．カロリーからジュールへは，換算係数 4.1855 J/cal で換算できる．エネルギーを力学的な仕事で表す場合の単位のニュートンメートル［N·m］と［J］は同じである．

(4) 熱容量

質量 m の物質を温度 1 K（1°C）だけ上げるために必要な熱量を熱容量 C という．熱容量は先の比熱 c を用いて

$$C = m \cdot c \tag{2.1}$$

と表される．単位は［J/K］または［J/°C］である．

(5) 潜熱

単位質量の物質の相が変化するときに必要な熱量を潜熱という．たとえば，水については水という液体（液相）から水蒸気という気体（気相）へ変化する場合に必要な熱量が潜熱で，この場合は気体になるために必要な熱量という意味で，気化熱という．このように相の状態が変化するときには，与えられた，または取り出された熱量は相の変化に使われるため，相変化をしている間は熱の出入りがあっても，物体の温度は変化しない．

(6) エントロピー

エントロピーは熱力学で使われる状態量の一つで，エントロピーの変化分 dS と，このプロセスで与えられた熱量 dQ，温度 T の間には

$$dS = \frac{dQ}{T} \tag{2.2}$$

の関係がある．エントロピーは非常に抽象的な概念なので，具体的なイメージがつかみにくい．

気体の断熱変化ではエントロピーの変化はない．断熱変化では $dQ = 0$ であるから，$dS = 0$ で S は一定となり，等エントロピー変化とよばれる．

（7） 温度による物質の膨張と収縮

温度の変化によって，物体は膨張したり，収縮したりする．ほとんどの物質は温度の上昇によって膨張する．固体の場合はそれぞれの固体の特性値である．

温度による長さの膨張の度合いは**熱膨張率**（または線膨張率，線膨張係数）とよばれ，単位は 1/K，記号 α で表す．基準温度 T_0 のときの物体の長さが l_0 であるとき，温度 T のときの長さ l はつぎのように表される．

$$l = l_0[1 + \alpha(T - T_0)] \tag{2.3}$$

体積の場合の膨張率は体膨張率とよばれ，記号 β が使用される．気体の体膨張率はほとんどの場合，1/273.15［1/K］と考えてよい．

例題 2.1 温度が 25°C の水が 2 kg ある．これを材質が銅で質量 1 kg の容器に入れる．この容器の水を入れる前の温度は 10°C であった．この容器に入れた水の中に質量 800 g で温度が 80°C の鉛を入れ，十分な時間を置いた後，水の温度が何度になるかを求めなさい．なお，水，銅，鉛の比熱はそれぞれ 4.186，0.3825，0.1296 kJ/(kg·K) であるとする．また，この水を入れた容器と外部との熱のやりとりはない．

［解］ はじめに各物質がもっている熱エネルギーを計算する．比熱を記号 c，質量を m，温度を T，熱量を Q とし，水，銅の容器，鉛を表す添え字をそれぞれ w，c，p とする．

$$Q_w = m_w \cdot c_w \cdot T_w, \quad Q_c = m_c \cdot c_c \cdot T_c, \quad Q_p = m_p \cdot c_p \cdot T_p \tag{2.4}$$

この総熱エネルギーは十分時間が経ってすべてが同じ温度になった（熱平衡という）ときの温度 T_x の熱エネルギーと等しくなる．

$$Q_x = m_w \cdot c_w \cdot T_x + m_c \cdot c_c \cdot T_x + m_p \cdot c_p \cdot T_x \tag{2.5}$$

ゆえに

$$\begin{aligned} & m_w \cdot c_w \cdot T_x + m_c \cdot c_c \cdot T_x + m_p \cdot c_p \cdot T_x \\ & \quad = m_w \cdot c_w \cdot T_w + m_c \cdot c_c \cdot T_c + m_p \cdot c_p \cdot T_p \end{aligned} \tag{2.6}$$

それぞれの数値を代入すると，T_x はつぎのようになる．

$$T_x = 25.0°\mathrm{C}$$

温度を使用する場合に，熱力学では絶対温度を使用したほうが間違えることが少ないが，この例題の場合は °C でもかまわない．ただし，°C を使用した場合の熱エネルギーの基準温度は 0°C としていることになり，エネルギーは基準温度 T_0 との温度差，たとえば $T_w - T_0$ として考えていることになる．

例題 2.2 温度が 20°C である直径が 120 mm のアルミニウムの円柱がある．これを同じ温度で内径が 120 mm の鉄製の円筒の中にまったくすきまのない状態で入れる．この物体の温度を 200°C まで上げた場合に金属の境界位置ではどのようなことが起こるか，概算（直径方向の 1 次元の変化，鉄の外径部分の位置変化はないと考えて）で推定しなさい．ただし，鉄およびアルミニウムの線膨張率をそれぞれ 11.7×10^{-6}，23.0×10^{-6} 1/K とする．

[解] まず，二つの金属の膨張状態を求める．鉄の添え字を f，アルミニウムの添え字を a とする．直径の記号を D とすると，それぞれの金属が 200°C まで上がったときの直径 D_{f200}，D_{a200} は，つぎのようになる．

$$D_{f200} = D_{f20}[1.00 + \alpha_f(t_{200} - t_{20})] = 120.253 \tag{2.7}$$

$$D_{a200} = D_{a20}[1.00 + \alpha_a(t_{200} - t_{20})] = 120.497 \tag{2.8}$$

したがって，両者の初期値との直径の差の 1/2 である ΔL は

$$\Delta L = 0.122 \ [\mathrm{mm}]$$

となる．つまり，直径方向の片側に約 0.122 mm の長さの差ができる．金属の境界面ではこの膨張差を吸収する応力がはたらく（注意：ここでは鉄の円筒の外周は固定され，一定であると仮定している）．

この問題はエンジンのシリンダーと中にあるピストンとのわずかなすきまのイメージでもある．材料が異なる金属が使用されたり，同じ金属であっても部分的に温度が変わる場合にはこのような応力の発生があり，強度の問題になる．これを避けるためにはなるべく温度変化を少なくするための冷却が必要となる．冷却については第 9 章で学ぶ．

2.1.2 気体の状態変化

気体の状態量は，圧力 p，体積 V，温度 T の 3 種類である．この 3 種類の状態量は，気体の状態変化のしかたによって異なる．

(1) 理想気体

実在の気体は厳密には比熱が一定ではなかったり，状態の変化の法則にわずかではあるが従わなかったりする．熱力学の基本を学ぶ場合には，このようなわずかな離反を無視して一般性のある現象を理解することがより重要である．このために理想気体という考えが利用される．

理想気体とは，気体の状態が変化するときに，**状態方程式**（または**状態式**）に従い，比熱がつねに一定である仮想の気体である．

(2) 状態方程式（状態式）

質量 m の理想気体の場合には圧力 p，体積 V，温度 T の関係はつぎの条件を満たす．

$$pV = mRT \tag{2.9}$$

ここで，R は**一般ガス定数**で，$R = 8.314$［kJ/(kmol·K)］である．上式は体積に比容積 v を用いて次式のように表すこともある．

$$pv = RT \tag{2.10}$$

たとえば，空気の**ガス定数** R_a は空気の平均分子量が 28.964 であるから $R_\mathrm{a} = 0.2871$［kJ/(kg·K)］となる．

(3) 気体の状態変化

気体の状態変化を視覚的に理解する場合には，p–V 線図が用いられる．これは p，V の状態が図上でわかりやすいことと，気体のする仕事，またはされる仕事が p–V 線図上の面積となり，理解しやすいためである．ここで，比熱比，ポリトロープ指数，定数をそれぞれ記号 κ，n，C で表す．

(a) 等圧変化　　圧力が一定の条件では，つぎの関係式に従って変化する．

$$\frac{V}{T} = C_1 \tag{2.11}$$

(b) 等温変化　　温度が一定の条件では，つぎの関係式に従って変化する．

$$pV = C_2 \tag{2.12}$$

(c) 断熱変化　　考えている系が，外部と熱エネルギーのやりとりのない条件では，つぎの関係式に従って変化する．

$$pV^\kappa = C_3 \tag{2.13}$$

(d) ポリトロープ変化　考えている系と外部との間で熱の移動がある場合は，近似的な状態変化として，断熱変化と同じようなつぎの関係式に従って変化する．

$$pV^n = C_4 \tag{2.14}$$

(4) 気体のする仕事

気体のする仕事，またはされる仕事は $p \cdot dV$ の積算値である．p–V 線図では図 2.1 の色付き部分の面積になる．気体のする仕事 W は（力）×（距離）であり，力は作用している面積を A とすれば $p \cdot A$ である．仕事はこれに移動距離 dL を掛けるから，$W = p \cdot A \cdot dL$ となる．$A \cdot dL = dV$ であるから $p \cdot dV$ が仕事であることがわかる．体積が V_1 から V_2 まで変化したとすると，仕事 W は次式で表される．

$$W = \int_{V_1}^{V_2} p \, dV \tag{2.15}$$

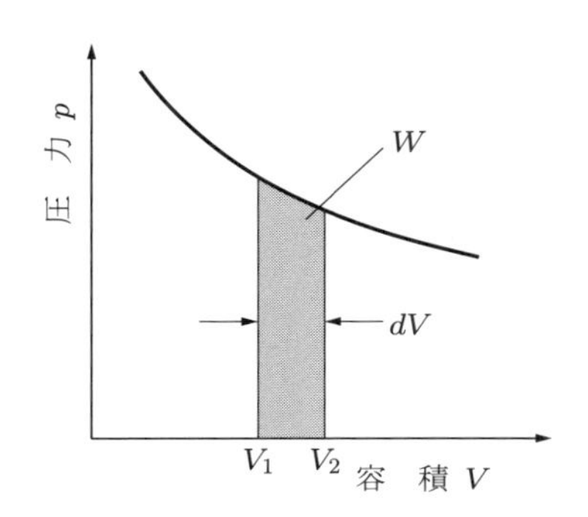

図 2.1 p–V 線図と仕事

例題 2.3　図 2.2 に示すような一端が閉じている円筒があり，その内側で抵抗なく移動でき，気体が漏れないピストンを備えた装置がある．円筒の内径を 80 mm とし，ピストンの初めの位置は円筒の閉端から 100 mm の位置にある．この状態で閉ざされた空間内の空気の圧力は 0.10 MPa，温度は 25°C であった．この装置でピストンを閉端から 30 mm の位置に移動させた．このプロセスでは空気は外部との熱の授受はないとして，（1）作動後の空気の状態を求めなさい．（2）作動後の状態にするために必要な仕事を求めなさい．空気の比熱比は 1.40 とする．

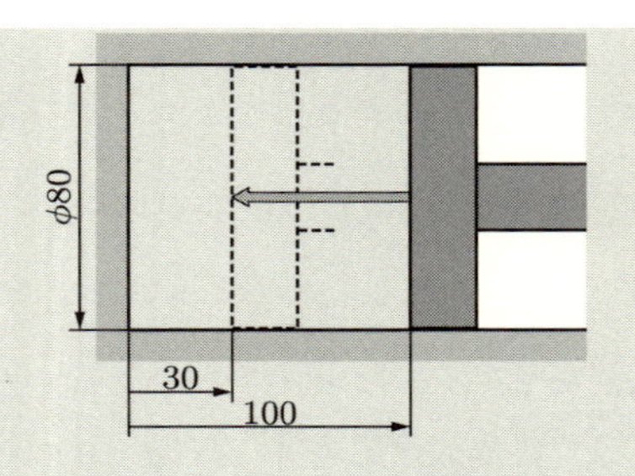

図 2.2　ピストンによる圧縮

[解]　はじめの状態に対する記号の添え字を 1，移動後の添え字を 2 とする．

（1）　外部との熱の授受はないから，この変化は断熱変化である．したがって，空気の比熱比を κ とすると，圧力は断熱変化の式からつぎのように求められる．

$$p_1 {V_1}^{\kappa} = p_2 {V_2}^{\kappa} \tag{2.16}$$

$$\therefore \quad p_2 = p_1 \left(\frac{V_1}{V_2}\right)^{\kappa} = 0.10 \left[\frac{(\pi D^2/4)L_1}{(\pi D^2/4)L_2}\right]^{1.4} = 0.540 \,[\mathrm{MPa}]$$

温度は同じく断熱変化の式からつぎのように求められる．

$$T_1 {V_1}^{\kappa-1} = T_2 {V_2}^{\kappa-1} \tag{2.17}$$

$$\therefore \quad T_2 = T_1 \left(\frac{V_1}{V_2}\right)^{\kappa-1} = (25+273) \left[\frac{(\pi D^2/4)L_1}{(\pi D^2/4)L_2}\right]^{1.4-1} = 482 \,[\mathrm{K}]$$

（2）　必要な仕事 W は次式となる．

$$W = \int_{V_1}^{V_2} p \, dV \tag{2.18}$$

ここで，断熱変化の式 $pV^{\kappa} = C$（C は定数）より $p = C/V^{\kappa}$ であることを用いてつぎのようになる．

$$\begin{aligned} W &= C \int_{V_1}^{V_2} V^{-\kappa} dV = C \frac{1}{1-\kappa} [V^{-\kappa+1}]_{V_1}^{V_2} \\ &= \frac{p_0 {V_0}^{\kappa}}{1-\kappa} ({V_2}^{-\kappa+1} - {V_1}^{-\kappa+1}) = \frac{1}{1-\kappa} (p_2 V_2 - p_1 V_1) \\ &= -641 \,[\mathrm{J}] \end{aligned} \tag{2.19}$$

結果がマイナスということは気体が外部から仕事をされたということを意味している．

2.1.3 熱力学の法則

熱エネルギーに関連する重要な法則は，つぎの 3 法則である．なお，本によって説明の文章が違うこともあるが，述べている内容は同じである．

（1） 熱力学の第 1 法則

熱はエネルギーの一種であり，熱を仕事に変換することも，仕事を熱に変換することもできる．これはエネルギー保存則としても利用される．

（2） 熱力学の第 2 法則

熱は高温の物質から低温の物質へ流れる．外部からの操作なしにこれと逆の熱の移動は起こらない．ほかには，熱は高温の物質から低温の物質に移動するときに仕事をすることが可能である，という表現もある．

（3） 熱力学の第 3 法則

温度が絶対 0 度では熱運動は停止し，熱エネルギーは存在しない．

2.2 エンジンの熱力学的サイクル

エンジンの熱力学的サイクルに関する理論は，エンジンの種類による特徴を理解したり，性能や熱効率の改善を考える場合には有効に利用できる．

エンジンのサイクルを熱力学的に分類すると，オットーサイクル，ディーゼルサイクル，サバテサイクルに大別される．サバテサイクルは合成サイクルともよばれる．

2.2.1 理論空気サイクルとその条件

実際のエンジンのサイクルでは，**作動流体**（**作動ガス**）は行程によって空気と燃料の混合ガスであったり，または燃焼ガスであったりする．実際のサイクルの作動流体では，熱力学的な物理的性質である熱物性値はガスの組成や温度によって異なる．熱力学的なサイクルでそれぞれの特性を知る場合には，このような条件を単純化するとサイクルの特徴を理解しやすい．そのために，作動流体が大気温度における**空気の比熱**（**一定値**）**をもった完全ガス**であるとした**理論空気サイクル**を考える．この理論空気サイクルでは，**圧縮と膨張の過程は断熱**であるとする．実際のサイクルは理論空気サイクルとは異なるが，理論空気サイクルでも 3 種類のサイクルの定性的な特徴はよく説明できる．

以下では，理論空気サイクルの条件でそれぞれのサイクルについて説明する．また，第 1 章で説明したように，1 サイクルの各行程の役割がはっきりしていてわかりやすい 4 サイクルエンジンを例にして説明する．

2.2.2 オットーサイクル

(1) オットーサイクルの過程

オットーサイクル（Otto cycle）の圧力と体積の関係を表す $p-V$ 線図，温度とエントロピーの関係を表す $T-S$ 線図を図 2.3 に示す．図に示すように，それぞれの状態が変化する点を数字の添え字で表す．すなわち，吸入開始時期を 0，吸入終了時期を 1，圧縮終了時期を 2，燃焼終了時期を 3，膨張終了時期を 4 とする．

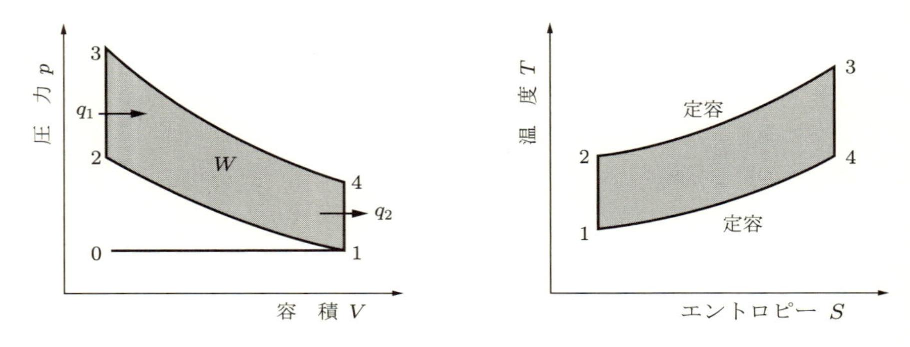

図 2.3　オットーサイクルの $p-V$ 線図，$T-S$ 線図

まず，吸気行程では，状態 0 よりピストンが下降してシリンダー内の体積が増加し，圧力が一定のままで状態 1 まで新しい気体（新気）を吸入する．つぎに，**断熱**状態で状態 1 から状態 2 まで吸入した新気を圧縮する．その後，**一定容積の条件で燃焼**が行われ，圧力と温度が上昇して状態 3 となる．この燃焼に相当する過程は，熱力学的には燃焼による発熱量に相当する熱量 q_1 が外部から与えられたと考える．つぎに，**断熱**の条件でピストンが下がり，体積が膨張して状態 4 となる．状態 4 から状態 1 へは一定容積のままで熱量 q_2 が外部へ放出される．状態 1 から状態 0 までは一定圧力のままでピストンが上昇し，外部に作動ガスが排出される．

これらの過程の中で，吸入行程 0–1 と排気行程 1–0 は同一線上を往復することになり，$p-V$ 線図では面積ができないので熱力学的な仕事はしていない．したがって，熱力学的にエネルギーを考える場合にはこの区間は考慮しなくてもよいことになる．このことから，エネルギーについては状態 1–2–3–4–1 からなるサイクルを考えればよい．なお，初めに仮定したように，作動ガスは完全ガスで物性値は大気条件の空気と同一でつねに一定である．

以上の過程をまとめると以下のようになる．

0–1：一定圧力で作動ガスを吸入する

1–2：断熱で圧縮する

2–3：一定容積のままで熱を受け取る（定容燃焼）

3–4：断熱で膨張する

4–1：一定容積のままで熱を系の外に出す（定容排熱）

1–0：一定圧力で作動ガスを排気する

すなわち，熱の出入りは 2–3 と 4–1 の過程のみで行われている．

なお，熱力学的な解析をするために，下死点でのシリンダー内容積 v_1 と上死点での容積 v_2 の比を前に示したように圧縮比（compression ratio）と定義し，式(2.20)のように記号 ε で表すことにする．

$$\varepsilon = \frac{v_1}{v_2} \tag{2.20}$$

（2） オットーサイクルの理論熱効率

ここでオットーサイクルの熱効率を求める．

熱効率は出力/入力であり，入力はこのサイクルに供給された熱量（燃焼の発熱量に相当する）q_1 である．また，出力は外部への仕事であるから，図 2.3 の p–V 線図の面積 W である．したがって，**理論熱効率** η_{th} は

$$\eta_{th} = \frac{W}{q_1} \tag{2.21}$$

となる．一方，このサイクルでは 2–3，4–1 以外は断熱であるから，このサイクルに与えられたエネルギーは，一部が仕事に変換され，残りが系外に出たことになる．系外に出た熱量を q_2 とすると，エネルギー保存則から，

$$q_1 = W + q_2 \tag{2.22}$$

が成り立つ．そこで，式(2.21)は，式(2.22)を用いてつぎのように書き直すことができる．

$$\eta_{th} = \frac{W}{q_1} = \frac{q_1 - q_2}{q_1} \tag{2.23}$$

1–2，3–4 は断熱過程であるので，熱量の出入りは 2–3，4–1 の過程でのみ行われる．この過程で出入りする熱量 q_1，q_2 は，一定の容積の条件で行われるから，作動流体の単位質量あたりに受け取った，または出した熱量は，比熱と温度の変化分の積になる．ここでは一定容積での変化であるから，比熱は定容比熱 c_v を用いる．温度を T とし，それぞれの点の状態を添え字によって表すと q_1，q_2 は，

$$q_1 = c_v(T_3 - T_2) \tag{2.24}$$

$$q_2 = c_v(T_4 - T_1) \tag{2.25}$$

となる．理論空気サイクルを仮定したから，式(2.24)，(2.25)の c_v は同じ値であり，同じ記号を用いて問題ない．これらを式(2.23)に代入すると，次式となる．

$$\eta_{th} = \frac{c_v(T_3 - T_2) - c_v(T_4 - T_1)}{c_v(T_3 - T_2)} = 1 - \frac{T_4 - T_1}{T_3 - T_2} \tag{2.26}$$

なお，断熱変化に使用する比熱比 κ は次式で定義される．

$$\kappa = \frac{c_p}{c_v} \tag{2.27}$$

ここで，1−2，3−4 の過程は断熱変化であり，断熱変化の式から，それぞれの点の温度と体積の間にはつぎの関係が成り立つ．

$$T_1 {v_1}^{\kappa-1} = T_2 {v_2}^{\kappa-1} \tag{2.28}$$

$$T_3 {v_3}^{\kappa-1} = T_4 {v_4}^{\kappa-1} \tag{2.29}$$

上記二式を利用して式(2.26)の右辺にある $T_4 - T_1$ を求めると，

$$T_4 - T_1 = T_3 \left(\frac{v_3}{v_4}\right)^{\kappa-1} - T_2 \left(\frac{v_2}{v_1}\right)^{\kappa-1} = \left(\frac{1}{\varepsilon}\right)^{\kappa-1} (T_3 - T_2) \tag{2.30}$$

となる．これを式(2.26)に代入すると，次式が求められる．

$$\eta_{th} = 1 - \left(\frac{1}{\varepsilon}\right)^{\kappa-1} \tag{2.31}$$

これがオットーサイクルの理論熱効率である．

（3） オットーサイクルの特徴

式(2.31)は単純化した仮定のもとで導いた式ではあるが，オットーサイクルの熱効率の特徴をよく表している．つまり，熱効率はエンジンの大きさや燃焼による発生熱量には関係なく，物性値 κ を除けば単に圧縮比 ε のみの関数であることを示している．つまり，理論熱効率はエンジンの大きさや供給される熱量（すなわちエンジンの出力）には影響されない．これは実際のエンジンの熱効率の考え方に対しても有効であり，重要な結果である．

式(2.31)で得られた理論熱効率の圧縮比による変化をグラフにすると，図 2.4 のようになる．オットーサイクルの理論熱効率は，圧縮比が大きくなれば大きくなる．ただし，熱効率は圧縮比と比例関係にあるわけではなく，圧縮比が大きくなるに従って熱効率の増加率は少なくなる．

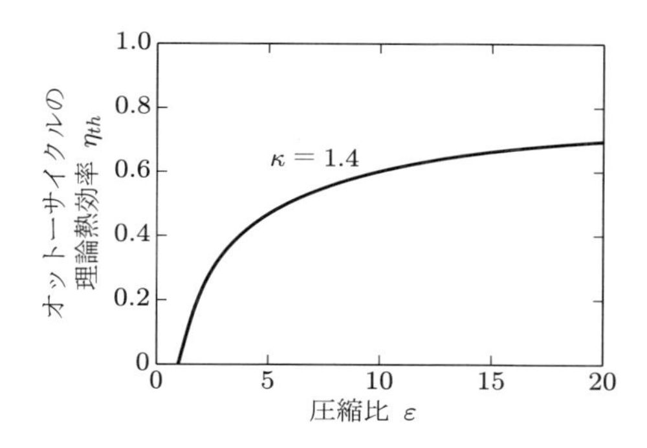

図 **2.4** オットーサイクルの理論熱効率

例題 2.4 理論空気サイクルでは，作動流体の物性値は空気の値で，比熱比は 1.4 である．仮に比熱比が 1.3 の気体であった場合のオットーサイクルの理論熱効率を計算し，比熱比 1.4 の場合と比較してその影響を考察しなさい．圧縮比は $\varepsilon = 8$ とする．

［解］ 式(2.11)での値に $\kappa = 1.3$ を用いて計算すると，

$$\eta_{th} = 0.464$$

となる．一方，本来の $\kappa = 1.4$ ではつぎのようになる．

$$\eta_{th} = 0.565$$

比熱比がわずかに 0.1 違うだけでも，熱効率は約 10%変わる．このことはもし空気の物性に近い条件で運転できれば，熱効率がかなり上がる可能性があることを示している．

2.2.3 ディーゼルサイクル

（1） ディーゼルサイクルの過程

ディーゼルサイクル（Diesel cycle）では，図 2.5 に示すような**一定圧力のもとで燃焼**に相当する熱が与えられるサイクルである．オットーサイクルと同様に，それぞれの位置の状態を表す添え字として吸入開始時期を 0，吸入終了時期を 1，圧縮終了時期を 2，燃焼終了時期を 3，膨張終了時期を 4 とする．

このサイクルでは，状態 0 からピストンが下がり，一定の圧力のもとで吸入が行われ，つぎに状態 1 より状態 2 へ**断熱圧縮**される．圧縮終了時点で燃焼に相当する熱量の供給が開始され，一定の圧力のもとでの熱の供給が行われ，状態 3 になる．サイクルとしてはこの間に外部から q_1 の熱量が供給されると考える．なお，状態 2 から状態 3 までの期間にも，ピストンの移動がある．ピストンがさらに下がる状態 3 から状態 4

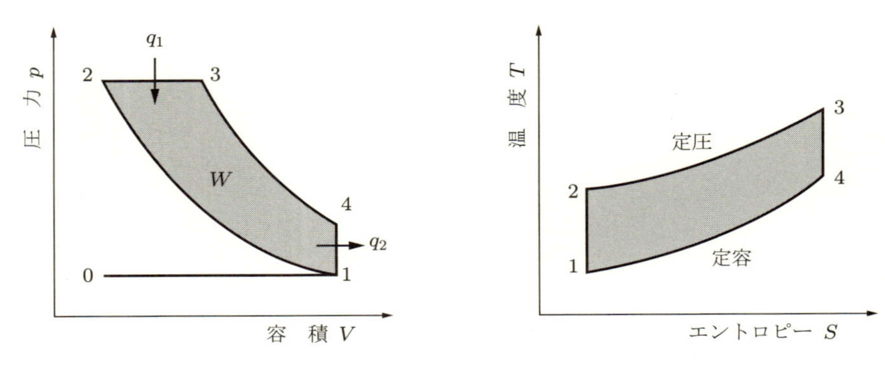

図 2.5　ディーゼルサイクルの p–V 線図，T–S 線図

までは**断熱膨張**である．状態 2 から状態 3 までの熱を受ける区間と，状態 3 から状態 4 までの断熱膨張区間で仕事がされる．状態 4 から状態 1 への過程では一定容積のもとで熱量 q_2 が系外へ出される．その後，ピストンの上昇によって一定圧力で作動ガスが排出され，状態 0 に戻る．オットーサイクルと同じように，吸気行程と排気行程は同一の過程を往復しているので，熱力学的なエネルギーとしては，状態 1–2–3–4–1 のサイクルを考えればよい．

したがって，このディーゼルサイクルは以下のようにまとめられる．

0–1：一定圧力で作動ガスを吸入する

1–2：断熱で圧縮する

2–3：一定圧力で熱が与えられる（等圧燃焼）（体積の変化がある）

3–4：断熱で膨張する

4–1：一定容積で熱を系外へ出す（等容排熱）

1–0：一定圧力で作動ガスを排気する

（2）　ディーゼルサイクルの理論熱効率

ディーゼルサイクルの熱効率はオットーサイクルの場合と同じように，入力に対する出力である．この定義と式(2.23)と同じようにエネルギー保存則を適用すると，理論熱効率 η_{th} は

$$\eta_{th} = \frac{W}{q_1} = \frac{q_1 - q_2}{q_1} \tag{2.32}$$

である．1–2，3–4 の過程は断熱なので，熱の出入りは 2–3，4–1 の過程でのみ行われる．この間に出入りする作動流体の単位質量あたりの熱量 q_1，q_2 は，比熱と温度差の積になる．q_1 を求める場合は一定圧力であるので，作動流体の定圧比熱 c_p を用いる．q_2 については，一定容積であるので定容比熱 c_v を使用する．q_1，q_2 は温度を T

で表すと，つぎのようになる．

$$q_1 = c_p(T_3 - T_2) \tag{2.33}$$
$$q_2 = c_v(T_4 - T_1) \tag{2.34}$$

これらを式(2.32)に代入すれば，理論熱効率 η_{th} は

$$\eta_{th} = \frac{c_p(T_3 - T_2) - c_v(T_4 - T_1)}{c_p(T_3 - T_2)} = 1 - \frac{T_4 - T_1}{\kappa(T_3 - T_2)} \tag{2.35}$$

となる．ここで 1−2，3−4 の過程は断熱変化であるから，先と同様に比熱比 κ の定義式(2.27)を用いて温度と体積の関係式は，次式となる．

$$T_1 {v_1}^{\kappa-1} = T_2 {v_2}^{\kappa-1} \tag{2.36}$$
$$T_3 {v_3}^{\kappa-1} = T_4 {v_4}^{\kappa-1} \tag{2.37}$$

ここで，式(2.35)の分子分母を T_3 で割って変形すると，つぎのようになる．

$$\eta_{th} = 1 - \frac{T_4/T_3 - T_1/T_3}{\kappa(1 - T_2/T_3)} \tag{2.38}$$

また，断熱変化の関係式(2.28)と圧縮比の定義式(2.20)から

$$\frac{T_1}{T_2} = \left(\frac{v_2}{v_1}\right)^{\kappa-1} = \left(\frac{1}{\varepsilon}\right)^{\kappa-1} \tag{2.39}$$

となり，同様に，式(2.29)と式(2.20)から次式となる．

$$\frac{T_4}{T_3} = \left(\frac{v_3}{v_4}\right)^{\kappa-1} = \left(\frac{v_3}{v_2}\frac{v_2}{v_4}\right)^{\kappa-1} = \left(\frac{v_3}{v_2}\frac{1}{\varepsilon}\right)^{\kappa-1} \tag{2.40}$$

また，過程 2−3 は等圧変化であるから等圧変化の温度と体積の関係式から，

$$\frac{T_3}{T_2} = \frac{v_3}{v_2} = \rho \tag{2.41}$$

となる．この温度比または体積比を**等圧膨張比**または**締め切り比**とよび，上式のように記号 ρ で表す．ρ の定義と式(2.39)〜(2.41)を用いて

$$\frac{T_4}{T_3} = \left(\rho\frac{1}{\varepsilon}\right)^{\kappa-1} \tag{2.42}$$

$$\frac{T_1}{T_3} = \frac{T_1}{T_2}\frac{T_2}{T_3} = \left(\frac{1}{\varepsilon}\right)^{\kappa-1}\frac{1}{\rho} \tag{2.43}$$

が得られ，式(2.41)〜(2.43)を式(2.38)に代入して整理すると，ディーゼルサイクルの理論熱効率 η_{th} は次式のようになる．

$$\eta_{th} = 1 - \frac{\rho^{\kappa} - 1}{\kappa \cdot \varepsilon^{\kappa-1}(\rho - 1)} \tag{2.44}$$

(3) ディーゼルサイクルの特徴

式(2.44)に示されるように，ディーゼルサイクルの熱効率は，作動流体の物性値 κ を除けば圧縮比 ε と等圧膨張比 ρ の関数であることがわかる．

熱効率に対する圧縮比 ε の影響はオットーサイクルと同じであり，ε が大きくなるほど熱効率が上がる．また，等圧膨張比の影響の一例を図 2.6 に示す．この図で明らかなように，ρ が大きくなるほど熱効率が下がる．すなわち，ディーゼルサイクルでは燃焼による温度上昇が大きいほど，つまり出力が大きいほど，熱効率が下がる．単純化した理論空気サイクルによって熱効率を求めたが，ディーゼルサイクルでは燃焼のさせかたとして1サイクルあたりの供給熱量を多くするような高出力の運転条件は熱効率が下がるという特徴がわかる．

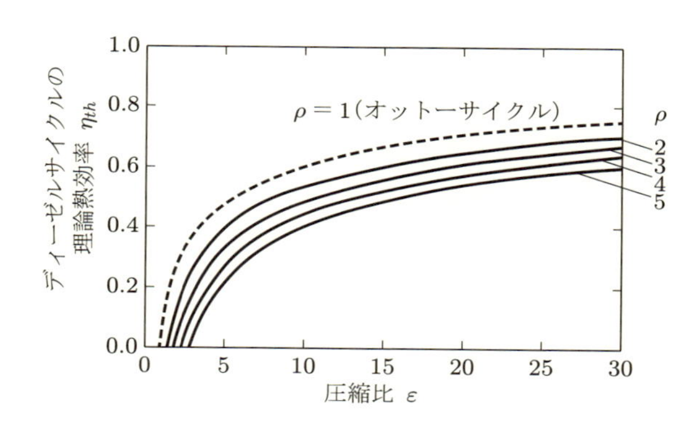

図 2.6 ディーゼルサイクルの理論熱効率

■ 2.2.4 サバテサイクル

(1) サバテサイクルの過程

サバテサイクル（Sabathe cycle）は合成サイクルの名があるように，オットーサイクルとディーゼルサイクルが合成されたサイクルである．このサイクルの p–V 線図，T–S 線図を図 2.7 に示す．熱の供給の（燃焼過程）**一部分は一定容積**のもとで行われ，**残りは一定圧力**で与えられる．そのほかの部分はオットーサイクルと同じであるから，サイクルの過程をまとめるとつぎのようになる．

0–1：一定圧力で作動ガスを吸入する

1–2：断熱で圧縮する

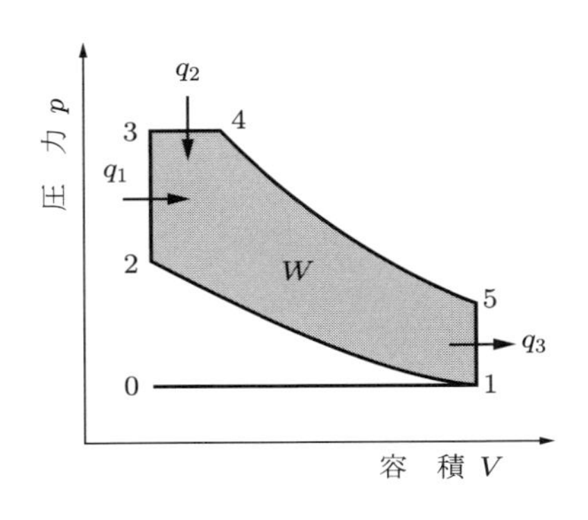

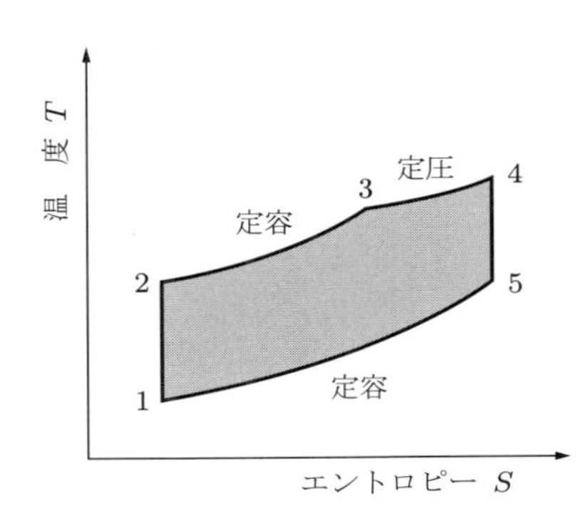

図 **2.7**　サバテサイクルの p–V 線図，$T-S$ 線図

2–3：一定の容積の状態で熱の一部が与えられる（等容燃焼）

3–4：一定の圧力のもとで残りの熱が与えられる（等圧燃焼）（体積が変化する）

4–5：断熱で膨張する

5–1：一定容積のもとで系の外へ熱を出す（等容排熱）

1–0：一定圧力で作動ガスを排気する

（2）　サバテサイクルの理論熱効率

それぞれの過程について成り立つ関係式はすでにオットーサイクル，ディーゼルサイクルの項で述べたので省略する．熱が与えられる区間の一部 2–3 については，その状態に対する圧力比 λ を次式のように定義する．

$$\lambda = \frac{p_3}{p_2} \tag{2.45}$$

λ はサバテサイクルにおいて一定の容積で熱が与えられる等容燃焼の割合を表しており，**等容燃焼係数**とよばれる．

このサイクルでは 2–3 の過程で熱量 q_1 が，3–4 の過程で熱量 q_2 が供給され，5–1 の過程で熱量 q_3 が系外に排出される．したがって，作動流体の単位質量あたりの熱量は，定圧比熱，定容比熱をそれぞれ c_p，c_v とし，温度を T で表すと，

$$q_1 = c_v(T_3 - T_2) \tag{2.46}$$

$$q_2 = c_p(T_4 - T_3) \tag{2.47}$$

$$q_3 = c_v(T_5 - T_1) \tag{2.48}$$

となり，理論熱効率 η_{th} は熱効率の定義とエネルギー保存則を用いて

$$\eta_{th} = \frac{W}{q_1 + q_2} = \frac{q_1 + q_2 - q_3}{q_1 + q_2} = 1 - \frac{q_3}{q_1 + q_2} \tag{2.49}$$

である．この定義と上記の熱量の式，および断熱変化の部分の関係式を用いて，オットーサイクル，ディーゼルサイクルの場合と同様に熱効率を計算すると次式が得られる．

$$\eta_{th} = 1 - \frac{\rho^{\kappa}\lambda - 1}{\varepsilon^{\kappa-1}[\lambda - 1 + \kappa\lambda(\rho - 1)]} \tag{2.50}$$

（3） サバテサイクルの特徴

サバテサイクルでは，熱効率に対する圧縮比と等圧膨張比の影響はそれぞれオットーサイクルとディーゼルサイクルで述べた傾向と同じで，圧縮比を上げると熱効率は上がり，等圧膨張比を大きくすると熱効率は下がる．等容燃焼比 λ については，供給熱量が一定であれば，λ が大きくなると相対的に ρ が小さくなる関係にあるから，λ が大きくなれば，熱効率は高くなる．

当然のことながら，λ が大きくなればオットーサイクル（$\rho = 1$）に近づき，ρ が大きくなればディーゼルサイクル（$\lambda = 1$）に近づく．

例題 2.5 サバテサイクルの理論熱効率をその定義から出発して，最終結果を導きなさい．

[解] このサイクルでは 2–3 の過程で熱量 q_1 が，3–4 の過程で熱量 q_2 が供給され，5–1 の過程で熱量 q_3 が系外に排出される．したがって，

$$q_1 = c_v(T_3 - T_2) \tag{2.51}$$

$$q_2 = c_p(T_4 - T_3) \tag{2.52}$$

$$q_3 = c_v(T_5 - T_1) \tag{2.53}$$

であるから，理論熱効率 η_{th} はつぎのように求められる．

$$\begin{aligned}\eta_{th} &= \frac{W}{q_1 + q_2} = \frac{q_1 + q_2 - q_3}{q_1 + q_2} = 1 - \frac{q_3}{q_1 + q_2} \\ &= 1 - \frac{c_v(T_5 - T_1)}{c_v(T_3 - T_2) + c_p(T_4 - T_3)} \\ &= 1 - \frac{(T_5 - T_1)}{(T_3 - T_2) + \kappa(T_4 - T_3)}\end{aligned} \tag{2.54}$$

また，式(2.41)同じように，$\rho = T_4/T_3$ とおく．ここで計算のために，式(2.54)の分子分母を T_3 で割る．

$$\eta_{th} = 1 - \frac{T_5/T_3 - T_1/T_3}{1 - T_2/T_3 + \kappa(T_4/T_3 - 1)} \tag{2.55}$$

また，式(2.41)と同じように $\rho = T_4/T_3$ とおく．ここで，$4 \rightarrow 5$ が断熱変化であることから

$$\frac{T_5}{T_4} = \left(\frac{v_4}{v_5}\right)^{\kappa-1} = \left(\frac{v_3}{v_5}\right)^{\kappa-1} \left(\frac{v_4}{v_3}\right)^{\kappa-1} = \left(\frac{1}{\varepsilon}\right)^{\kappa-1} \rho^{\kappa-1} \tag{2.56}$$

となる．したがって，

$$\frac{T_5}{T_3} = \frac{T_5}{T_4}\frac{T_4}{T_3} = \left(\frac{1}{\varepsilon}\right)^{\kappa-1} \rho^{\kappa-1}\cdot\rho = \left(\frac{1}{\varepsilon}\right)^{\kappa-1} \rho^{\kappa} \tag{2.57}$$

となる．また，λ の定義から

$$\lambda = \frac{p_3}{p_2} \tag{2.58}$$

であるから，つぎのようになる．

$$\frac{T_2}{T_3} = \frac{1}{\lambda} \tag{2.59}$$

また，

$$\frac{T_1}{T_3} = \frac{T_2}{T_3}\frac{T_1}{T_2} = \frac{1}{\lambda}\left(\frac{1}{\varepsilon}\right)^{\kappa-1} \tag{2.60}$$

である．式(2.57)～(2.60)を式(2.55)に代入して整理すると，つぎのように求められる．

$$\eta_{th} = 1 - \frac{\rho^{\kappa}\lambda - 1}{\varepsilon^{\kappa-1}[\lambda - 1 + \kappa\lambda(\rho - 1)]} \tag{2.61}$$

（もう少しスマートな導き方もある．各自検討してみてください）

2.2.5 理論空気サイクルの仮定の重要性

理論空気サイクルの重要な仮定は，①作動流体は物性値が一定であること，②圧縮・膨張の過程が断熱であること，である．

①の仮定は，理論熱効率の計算で使ったように，どのような状態で熱の与えられ方をしても，つまり，温度や圧力が変わっても，c_p，c_v は一定であるとしている．この仮定がないと，それぞれのプロセスで比熱が変化してしまうと簡単に計算することはできない．

また，②の仮定は，系に与えられたエネルギーが，仕事と排出されるエネルギー以外にはならないということで，サイクルのエネルギー保存則を成り立たせる重要な役割をもっている．仮に，これ以外に，たとえば，排気エネルギー以外に失っているようなエネルギーがあれば，これも含めてエネルギー保存則を立てなければならない．

このように，理論空気サイクルの熱力学的なサイクルの仮定は計算を進めていくうえで非常に重要である．

2.3 各サイクルの効率の比較

オットーサイクル，ディーゼルサイクル，サバテサイクルの三つのサイクルの熱効率（それぞれのサイクルの添字を o，d，s として，熱効率を記号 η_{tho}，η_{thd}，η_{ths} と表す）を比較してみる．条件によって結果が異なるので，つぎの二つの例について考える．

2.3.1 圧縮比が同じ場合

三つのサイクルとも圧縮比が同じであれば，圧縮終わりまでの線図は同じである．また，排熱過程の線図も同じ定容線の上にある．したがって，図 2.8 に示すように，熱が与えられる（燃焼）過程が異なることになる．オットーサイクル，ディーゼルサイクル，サバテサイクルを表す添字をそれぞれ o，d，s とし，$T-S$ 線図の S 軸上のそれぞれのサイクルの最小値，最大値をそれぞれ S_A，S_B とする．ここでは比較を簡単にするために，オットーサイクルとディーゼルサイクルの二つだけを取り上げる．

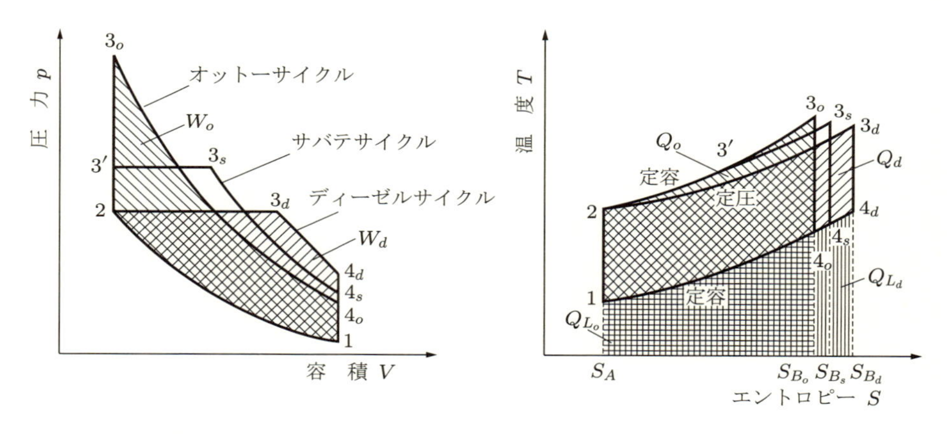

図 2.8　同じ圧縮比，同じ出力の場合の $p-V$ 線図，$T-S$ 線図

比較がしやすいように入力（供給熱量）が同じである場合を考える．供給熱量が同じということは，図 2.8 の $T-S$ 線図において $S_A-2-3-S_B-S_A$ の面積が等しいという条件になる．

$T-S$ 線図上で，定容線の変化は定圧線の変化より急であるから，供給熱量である $S_A-2-3-S_B-S_A$ の面積を同じにするには，加熱過程終了時のエントロピー S の値は定容の場合のほうが小さい必要がある．すなわち，$S_{3_o} < S_{3_d}$ であり，$S_{B_o} < S_{B_d}$ となる．ここで，熱効率を考えると，入力が同じであるとしたから，排出熱量が少ないほうが仕事が大きくなり，熱効率が良いことになる．排出熱量は図中の $S_A-1-4-S_B-S_A$

の面積であり，この図においてオットーサイクルの排出熱量がディーゼルサイクルのそれより明かに少ない．つまり，オットーサイクルのほうが多く仕事をしていて，熱効率が高いことがわかる．

また，別の考え方として，膨張線が二つのサイクルで同じ場合，つまり A, B が同じ場合を考えると，排出熱量は二つとも同じとなる．このとき，仕事量である 1−2−3−4−1 の面積はオットーサイクルがもっとも大きくなるからオットーサイクルの熱効率がもっとも良いことになる．これを一般的に考えると圧縮比が同じ場合は必ず

$$\eta_{tho} > \eta_{ths} > \eta_{thd} \tag{2.62}$$

となり，この条件ではオットーサイクルの熱効率がもっとも高く，サバテサイクル，ディーゼルサイクルの順になる．

2.3.2　最高圧力と出力が同じ場合

最高圧力と出力が同じ場合，サイクルの $p-V$ 線図，$T-S$ 線図は図 2.9 のようになる．最高圧力が等しい条件から，$p-V$ 線図上の加熱（燃焼）終了時の 3 の点の圧力は同じである．加熱（燃焼）過程終了時のエントロピーの値は，出力である 1−2−3−4−1 の面積が等しくなるようにすると，$T-S$ 線図上で 2_d, 3_d, 3_o の各点は同じ定圧線上にあるから，$S_{3_o} > S_{3_d}$ すなわち $S_{B_o} > S_{B_d}$ となる．排出熱量は $S_A-1-4-S_B-1$ の面積であるから，ディーゼルサイクルの排出熱量よりオットーサイクルの排出熱量のほうが大きくなる．つまり，オットーサイクルの熱効率がもっとも低い．サバテサイクルについても同様であり，最高圧力が同じ場合の効率の順番は

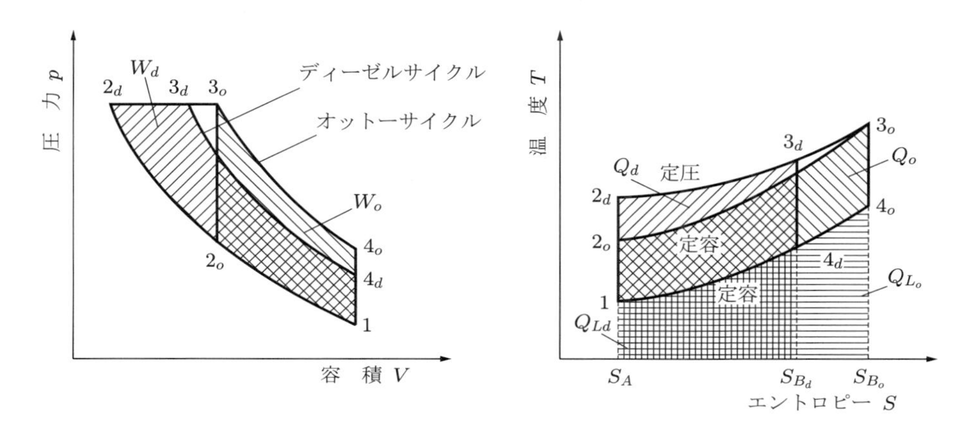

図 2.9　同じ最高圧力の場合の $p-V$ 線図，$T-S$ 線図

$$\eta_{thd} > \eta_{ths} > \eta_{tho} \tag{2.63}$$

となり，この条件ではディーゼルサイクルの熱効率がもっとも高い．

このように，条件によって熱効率が良いサイクルは異なり，特定のサイクルがつねに熱効率が良いということはない．一例として，圧縮比を変化させ，$\rho = 2$，$\lambda = 2$ の場合について，三つのサイクルの理論熱効率の比較を図 2.10 に示す．

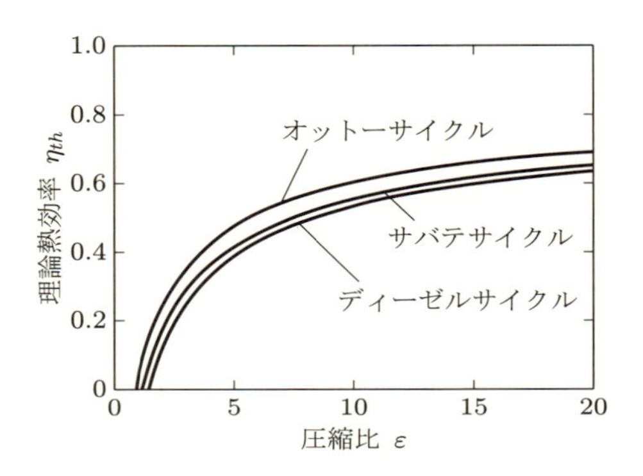

図 2.10 三つのサイクルの理論熱効率の比較

2.4 燃料空気サイクルおよび実際のサイクル

2.4.1 理論空気サイクルと実際のサイクルとの相違

これまで，サイクルの特徴を理解するために理論空気サイクルを考えてきたが，実際のエンジンのサイクルはもっと複雑である．理論空気サイクルを実際のサイクルに少し近づけたサイクルは，**燃料空気サイクル**とよばれる（これでも実際のサイクルとは異なる）．

理論空気サイクルと比較して，**実際のサイクル**で考慮しなければならない主な項目はつぎの 6 点である．

① 作動流体が行程によって異なる．

② 燃焼が高温で行われるために熱解離が生じる．

③ 作動流体の温度が変わることによって比熱が変化する．

④ 吸排気行程での弁などの流動抵抗がある．

⑤ 燃焼の過程が定容または定圧のように単純ではなく，燃焼速度が有限である．

⑥ それぞれの行程で熱の出入りがある．

2.4.2　燃料空気サイクル

理論空気サイクルから実際のサイクルに一歩近づいた考え方が燃料空気サイクルである．これは理論空気サイクルに先の項で述べた①作動ガスの組成，②熱解離，③比熱の変化を考慮したものである．さらに吸気の状態や燃焼による分子数の変化まで考慮する場合もある．

理論空気サイクルと異なるこれらの状態を以下に説明する．

（1）　作動ガスの組成

実際のサイクルでは各行程の作動流体が異なる．たとえば，オットーサイクルでは吸入・圧縮行程でシリンダー内にあるガスは，空気と燃料の混合気（ディーゼルサイクルの場合は空気のみ）と前のサイクルで排気できなかった燃焼ガスの残りである**残留ガス**の混合したものである．また，膨張・排気行程の作動流体は燃焼ガスである．したがって，実際の作動流体は純粋な空気ではなく，各行程によって異なる．

（2）　熱解離

燃焼については第 4 章で詳しく説明するが，燃焼反応は発熱反応である．しかし，エンジン内のように 2000°C 程度の高温で燃焼する場合には，ごく部分的ではあるが発熱反応とは逆の吸熱反応が起こる．これは，高温低圧であるほど起こりやすい．この吸熱反応は酸素が十分にある条件でも発生する．このため，実際には，燃料が本来もっている発熱量よりやや少ない量しか熱エネルギーとして利用できない．

（3）　物性値

実在気体は，とくに温度が高くなると物性値が変化する．一例として空気と燃焼ガスの主要成分の比熱の変化を図 2.11 に示す．比熱は温度によって変化し，一定ではない．理論空気サイクルでは完全ガスを仮定し，物性値も一定であるとしたが，正確に

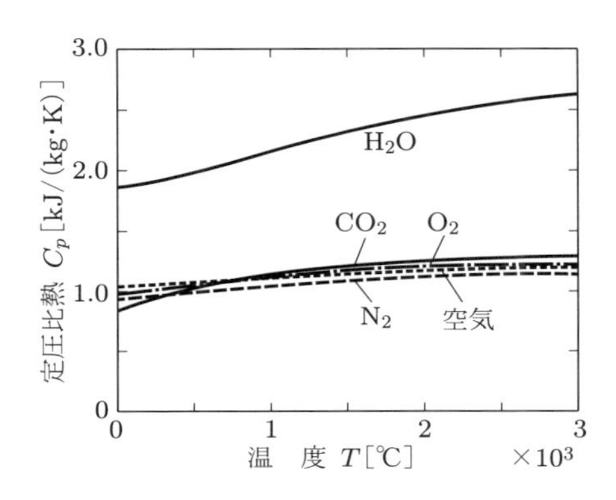

図 2.11　主な気体の物性値の温度による変化

はこの仮定も成り立たないことになる．

また，高温における燃焼では前に述べた熱解離という現象があり，細かく見ると燃焼ガスの組成が多種多様になり，これによっても物性値が変化する．

オットーサイクルの理論空気サイクルの熱効率は主として圧縮比のみで決まるので，たとえば圧縮比 $\varepsilon = 8$ とすると，理論熱効率は $\eta_{th} = 56.5\%$ となる．燃料空気サイクルの効率計算にはさまざまな仮定が必要で複雑であるが，燃料と空気の割合が最適な条件である理論空燃比（5.2 節参照）の条件で概算して比較するとつぎのようになる．

作動ガスが異なり，圧縮と膨張行程で組成が異なることのみを考慮すると，η_{th} は約 50%になる．さらに，温度によって比熱が変化することを考慮した場合を概算すると，η_{th} は約 38%となる．これに燃焼するときの熱解離を考慮すると，熱効率はさらに 2%ほど低下する．

2.4.3 実際のサイクル

実際のサイクルでは燃料空気サイクルに加えて，2.4.1 項の④～⑥の内容を考慮する必要がある．それぞれの項目について説明する．

（1） 吸排気行程での流動抵抗

理論空気サイクルの p–V 線図では吸排気が同一線上を往復するので，熱力学的には仕事をしないので無視してよいとした．しかし，実際には図 2.12 に示すように吸気弁，排気弁における**流動抵抗**があり，吸気行程ではピストンの動きに吸入新気が追いつかないため負圧になる．また，排気行程では排気弁での流動抵抗のため，ピストンの動きによる体積変化分の燃焼ガスを十分に排気することができず，大気圧より高い圧力経過となる．したがって，p–V 線図上で吸排気行程では負の仕事となるループができる．この部分は**ポンプ損失**または**吸排気損失**とよばれる．

（2） 燃焼速度

オットーサイクルでは定容燃焼を仮定したが，これは時間的にはピストンが上死点にある一瞬で燃焼が完了したことを表している．つまり，燃焼速度が無限大であることを仮定したことになる．しかし，実際には燃焼速度は有限であり，図 2.13 に示すように完全な定容燃焼とはならない．燃焼速度が有限であることを考慮して，実際のエンジンでは上死点より少し前に点火して，上死点後の早い時期に燃焼が終了するように点火時期が設定される．

ディーゼルサイクルの燃焼でも同様で，燃料と空気が混合しながら燃焼する過程では，完全に一定圧力で燃焼が終始することはない．したがって，この場合も定容燃焼

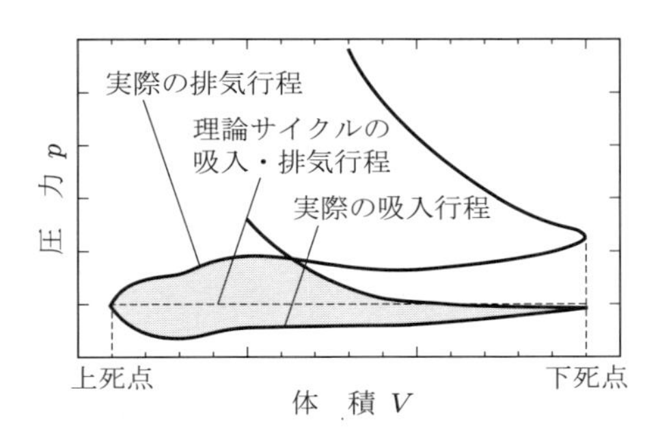

図 2.12 吸排気行程における損失

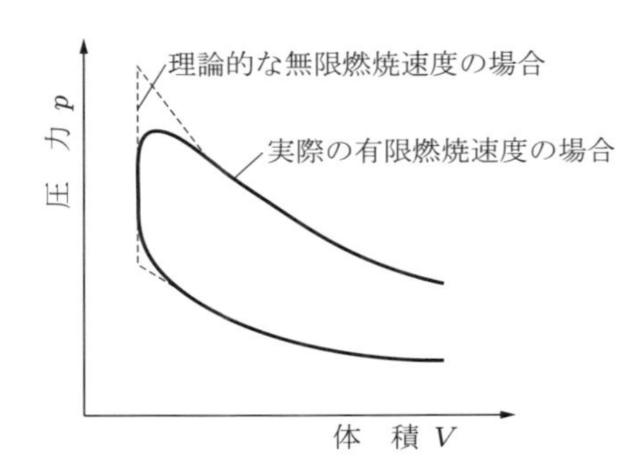

図 2.13 燃焼速度が有限である定容燃焼の影響

には近いが，完全に一定圧力で燃焼する仮定は正確ではない．

(3) 熱移動

熱移動としては，作動流体内部での伝熱と，作動流体と外部との伝熱を考える必要がある．

作動流体内部での熱移動の一つは，前のサイクルの燃焼ガスの残りである残留ガスと新しく吸入された新気との熱交換（混合を含む）である．残留ガスの温度は1000°C近い高温であり，新気はほぼ大気温度である．残留ガスと新気の熱交換はシリンダー内ガスどうしの熱交換であるので，吸気行程の初期条件として残留ガスの状態が考慮されていれば，熱効率には直接関係することはない．

また，燃料は液状で供給されるので，燃料の気化に関連する熱移動も考慮する必要がある．この場合は，気化に要する熱量をあらかじめ燃料のもつエネルギーから差し引いて考えておけば，エネルギーとしては内部の熱移動と見ることができる．実際には気化に必要な熱量は，周囲の気体と吸気管の壁やシリンダー壁から受ける．

作動流体とサイクルの系の外部との伝熱としてもっとも重要な例は，圧縮・膨張行程における燃焼室壁面との伝熱である．これらの行程は断熱変化ではない．近似的な取り扱いとして**ポリトロープ変化**が用いられ，状態変化や熱効率の定性的な議論をする場合には便利である．

2.4.4 各サイクルの比較

理論空気サイクル，燃料空気サイクルおよび実際のサイクルの圧力経過（p–V 線図）を比較すると，図 2.14 のように，実際のサイクルは理論空気サイクルに比べて非常に小さくなる．実際のサイクルが到達できる上限は，理論的には理論空気サイクルであるが，作動流体は空気ではありえないから，燃料空気サイクルが実際のサイクル

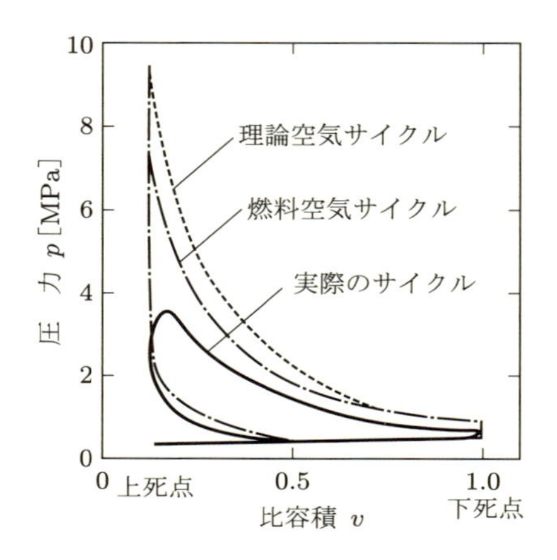

図 2.14　理論空気サイクル，燃料空気サイクル，実際のサイクルの比較

の上限となる．

例題 2.6　単純にはオットーサイクルはガソリンエンジンのサイクルを，ディーゼルサイクルはディーゼルエンジンのサイクルを表している．圧縮比が同じであるときのサイクルの熱効率としては，オットーサイクルがもっとも効率が良いとしたが，一般的にはディーゼルエンジンのほうが燃費が良いといわれている．この理由について考察しなさい．

［解］　本文に示したように，圧縮比が同じであれば，ガソリンエンジンを代表するサイクルであるオットーサイクルの理論熱効率は，ディーゼルエンジンのサイクルであるディーゼルサイクル（正確にはサバテサイクルの場合もある）の熱効率より必ず高い．しかし，実際のエンジンではガソリンエンジンの圧縮比よりディーゼルエンジンの圧縮比のほうがはるかに高い．そのため，図 2.15 に示すように，一般に利用されている圧縮比で比較すると，圧縮比の効果が大きくディーゼルエンジンの熱効率が高くなる場合が多い．

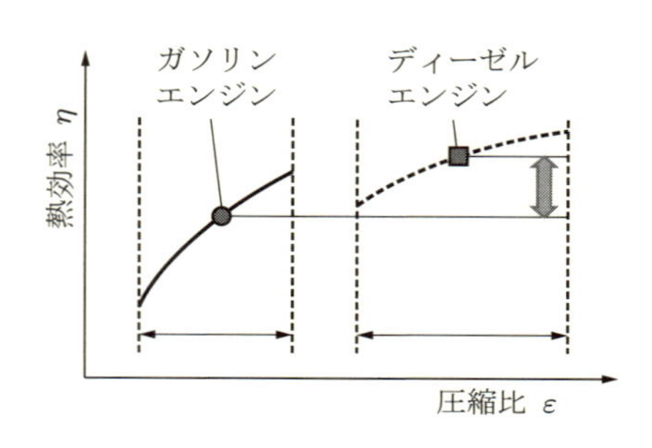

図 2.15　ディーゼルサイクルが高効率の理由

演習問題［2］

2.1 直径が86 mm，行程が90 mm，圧縮比が10のエンジンがある．このエンジンの上死点における平均的なすきま（ピストンとシリンダーヘッドの間の距離）を計算しなさい．

2.2 行程容積が500 ccで，圧縮比が8.0のエンジンがある．理論空気オットーサイクルであるとした場合の理論熱効率を求めなさい．

2.3 オットーサイクルで圧縮比6のエンジンを圧縮比10にすると，理論熱効率はどの程度改善されるかを求めなさい．

2.4 サバテサイクルで$\varepsilon = 20$，$\rho = 3.2$，$\lambda = 2.0$としたときの理論熱効率を求めなさい．

2.5 行程容積500 cc，圧縮比9のエンジンがある．このエンジンが理論空気オットーサイクルの状態で運転されており，圧縮初めの圧力が100 kPa，温度が30°Cであり，燃焼による圧力上昇が1.2 MPaであるとき，1サイクルの仕事量を求めなさい．また，1サイクルに供給された熱量が190 Jであるとしたとき，熱効率を求めなさい．

2.6 排気量3200 ccで圧縮比が22のディーゼルエンジンがある．理論空気ディーゼルサイクルであるとして，圧縮初めの圧力を120 kPa，温度50°C，燃焼による等圧膨張比が2であるとして，このエンジンの1サイクルの仕事量を求め，さらに理論熱効率から，1サイクルに供給された熱量を求めなさい．

2.7 ディーゼルサイクルにおいて，圧縮初め①の状態が圧力0.1 MPa，温度20°Cであったとして，燃焼終了時に相当する③の状態を求めなさい．なお，等圧膨張比は$\rho = 2.5$，圧縮比は$\varepsilon = 16$とする．

2.8 サバテサイクルで動いている行程容積が800 cc，圧縮比16のエンジンがある．吸入終わりの状態は圧力125 kPa，温度20°Cであった．圧縮終了後の等容燃焼で圧力は0.3 MPa上昇し，その後，その圧力のまま温度が500°C上昇して燃焼が終わった．（1）このサイクルの各ポイント（圧縮終わりなど）の体積，圧力，温度を求めなさい．（2）このサイクルの等容燃焼比と等圧膨張比を求めなさい．

2.9 実際のサイクルにおいて吸入行程でシリンダー壁面などから熱が新気に伝わる．この場合に加わった熱は何にどのように影響するかを考察しなさい．

第 3 章 出力と効率

エンジンの性能や状態を正しく評価するためには，出力や効率などの意味を理解する必要がある．

本章では，エンジンの主な評価項目である出力やトルクの表し方やその意味，理論仕事，図示仕事，正味仕事などの意味とこれらの関係について学ぶ．また，供給したエネルギーの利用されている状態を考察する．エンジンの吸入能力の定義や，その重要性についても学ぶ．さらに，各種の効率についての相互の関係についても理解する．

3.1 出力とトルク

3.1.1 トルクと出力（仕事率）の定義

エンジンの動力性能の表し方には二通りある．一つは出力軸の回転力である**トルク**であり，もう一つは**出力（仕事率）**である．

（1） トルク

トルク T は図 3.1 に示すように，エンジンの出力軸の回転力（モーメント）を表す．軸の半径を r，外周に作用する力を F とすると，

$$T = F \cdot r \tag{3.1}$$

で表される．トルクの単位は $[\mathrm{N \cdot m}]$ であるが，慣例として従来の工学単位系の $[\mathrm{kgf \cdot m}]$ も併用されている．

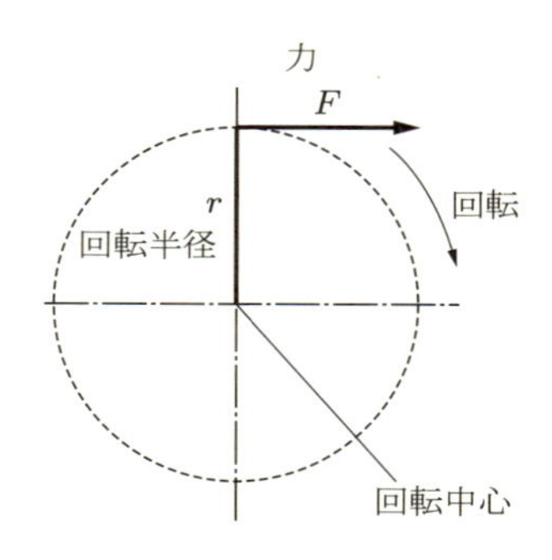

図 3.1 トルクの定義

(2) 出力（仕事率）

エンジンが単位時間にできる仕事を表すのが出力（仕事率）L で，単位は［W］である．慣例として馬力［PS］も併用されている．

出力軸の毎分の回転数を n［rpm］とすると，出力 L とトルク T の関係は

$$L = \frac{2\pi nT}{60} \tag{3.2}$$

で表される．なお，［PS］から［W］に換算する場合は，その換算係数 0.7355［kW/PS］を掛ければ良い．式の分母の 60 は回転数が一般に毎分の単位［rpm］で表されるための換算係数である．

(3) トルクと出力の実例

実際のエンジンのトルクと回転数の関係の一例を図 3.2 に示す．

これはガソリンエンジン（排気量 2000 cc，過給機付）とディーゼルエンジン（排気量 2200 cc）のトルク曲線の例である．ディーゼルエンジンはとくに低速でのトルクが大きい．ただし，高回転まで高いトルクを維持できない．これに対してガソリンエンジンは，高回転まである程度のトルクを維持していることがわかる．一般に，エンジンは中速度域ではトルクはほぼ一定であるが，低速および高速域ではやや低下する．これは，エンジンに吸入される新気（混合気または空気）の量に深く関係する．

また，出力と回転数の関係を図 3.3 に示す．出力はその定義からわかるように，トルクが一定であれば回転数に比例する．出力は回転数の増加とともに増加していくが，高速になるとトルクが減少するため，あるところで頭打ちとなり，最高回転数の 1 割程度低い回転数で最大出力となる．ガソリンエンジンは高速回転が可能であるため，最大出力は同じ行程容積のディーゼルエンジンより大きい．

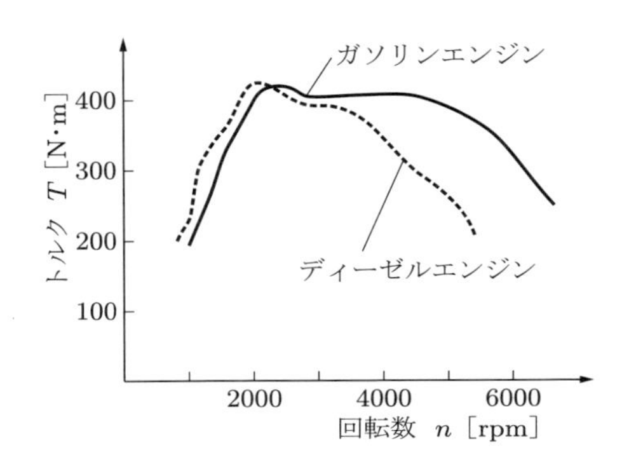

図 3.2 トルクと回転数の関係の実例

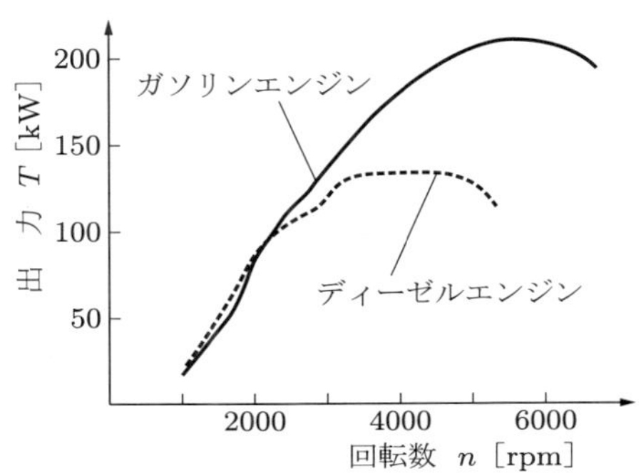

図 3.3 出力と回転数の関係の実例

3.1.2 トルクと出力の意味

トルクはエンジン出力軸の回転力である．つまり使用する運転条件で最大でどれだけの回転力が出せるか，ということである．自動車に利用する場合では，エンジンの動力を伝える動力伝達機構の抵抗が一定であるとすれば，エンジンが発生させる回転力は駆動するタイヤの回転力に比例する．同じ自動車ならばエンジンを載せている自動車の全体の質量 m は変わらないから，タイヤの路面における回転方向の駆動力 F と自動車の加速度 α との関係から，

$$\alpha = \frac{F}{m} = \frac{T}{r} \cdot \frac{1}{m} \tag{3.3}$$

となる．タイヤの回転半径は一定であるから，トルクは自動車の加速度に比例する．つまり，自動車の静止状態からの加速力，追い越しのときの加速力はこのトルクが支配していることがわかる．また，加速力を必要とする場合には，高速の回転数ではなくトルクの大きい回転数を使用するほうが効果的である．

一方，出力は時間あたりの仕事量である．自動車に利用した場合，自動車が動くときに抵抗力（摩擦抵抗や空気による流体抵抗など）を受けて走ることになる．仕事量はこの抵抗力（に打ち勝つエンジンの力）と走行距離の積になる．抵抗力が同じであれば，出力は単位時間で考えれば単位時間の走行距離，すなわち，自動車の速度に比例する．つまり，最大出力は自動車が到達できる最高速度を決めることになる．

Column エンジンの特性の活用

自動車に利用する場合，エンジンの特性については，一般的には回転数によってトルクが一定で，かつトルクが大きいエンジンを載せた車が運転しやすい．これは車の加速に対する応答性が良いためである．しかし，大きいトルクのエンジンは排気量も大きく，車体重量が増えるというデメリットもある．エンジンの特性でよく表示される最大出力はエンジンの性能評価としては使われるが，最大出力を利用するような運転条件はほとんどない．

3.2 エンジンの仕事と出力の表し方

3.2.1 理論仕事，図示仕事，正味仕事

エンジンでは，概念図 3.4 に示すように，1 サイクルの仕事について 3 種類の仕事が定義される．それらは，①エンジンの熱力学的なサイクルから理論的に計算される仕事である**理論仕事** W_{th} [J]（theoretical work），②実際の運転状態で燃焼圧力を計測して，その p–V 線図から得られる仕事である**図示仕事** W_i [J]（indicated work），

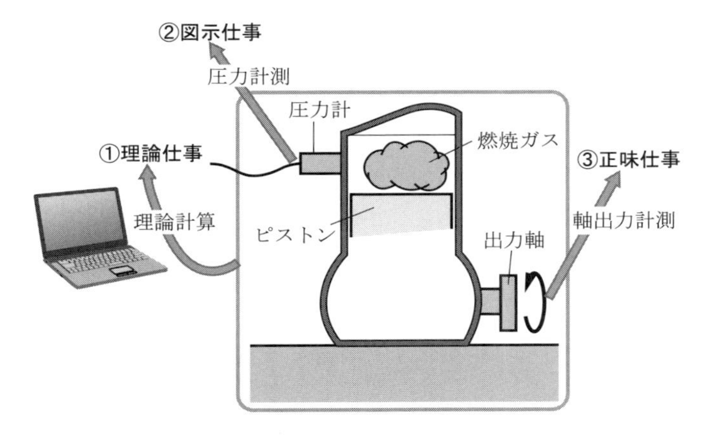

図 3.4 理論，図示，正味仕事の概念

③エンジンの最終的な出力軸で計測される仕事である**正味仕事** W_e [J]（brake work）である．なお，仕事と同様に，出力（power）についても**理論出力** L_{th} [W]，**図示出力** L_i [W]，**正味出力** L_e [W] という三つの定義がある．

理論的なサイクルから計算される理論仕事は，この中ではもっとも大きい．圧力の計測結果から求められる図示仕事は，燃焼に時間がかかったり，熱エネルギーがエンジンの外に逃げてしまったりするため，理論仕事より小さくなる．出力軸のトルクから求められる正味仕事は，動力を伝達する経路の摩擦などの損失があり，さらに小さくなる．

3.2.2 平均有効圧力

エンジンの出力の表示方法の一つに**平均有効圧力** p_m（mean effective pressure）がある．実際のエンジンのサイクルではピストンの運動中に圧力が時間とともに変化するが，図 3.5 に示すように，膨張行程中に一定の圧力がピストンに作用したものと仮定し，図中の破線で示した圧力一定のサイクルが，実線で示した元のサイクルと同じ仕事をする場合の圧力を平均有効圧力という．

平均有効圧力には理論仕事に対応する**理論平均有効圧力** p_{mth}（theoretical mean effective pressure），図示仕事に対応する**図示平均有効圧力** p_{mi}（indicated mean effective pressure），正味仕事に対応する**正味平均有効圧力** p_{me}（brake mean effective pressure）がある．

1 サイクルの仕事を W とすれば，平均有効圧力 p_m は次式で表される．

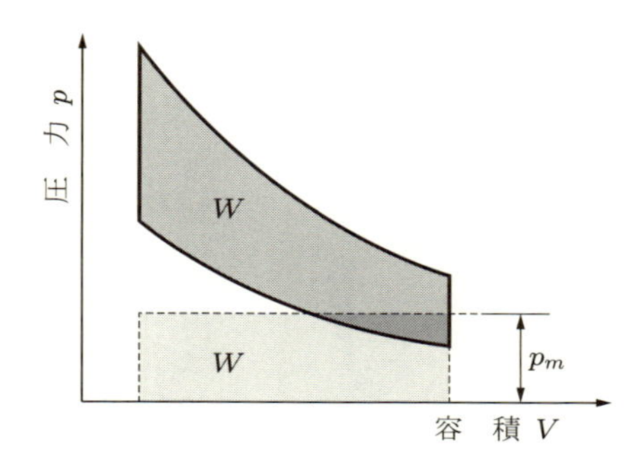

図 3.5　平均有効圧力の定義

$$p_m = \frac{W}{V_b - V_a} = \frac{W}{V_{str}} \tag{3.4}$$

ここで，V_a，V_b はそれぞれ上死点および下死点におけるシリンダー内容積であり，V_{str} は行程容積である．

式(3.4)において，理論平均有効圧力 p_{mth} は理論仕事 W_{th} を，図示平均有効圧力 p_{mi} は図示仕事 W_i を，正味平均有効圧力 p_{me} は正味仕事 W_e を，それぞれに対応させて求めることができる．なお，理論および図示平均有効圧力については対応する p–V 線図によって説明ができるが，正味平均有効圧力についてはこれに対応する p–V 線図を考えることができない．

また，出力 L と平均有効圧力 p_m，回転数 n [rpm] の間にはつぎのような関係がある．

$$L = \frac{p_m \cdot V_{str} \cdot n \cdot z}{i \cdot 60} \tag{3.5}$$

ここで，z はシリンダー数，i は4サイクルエンジンではクランクシャフト2回転でサイクルが完結するので2を，2サイクルエンジンではクランクシャフト1回転でサイクルが完結するので1となる定数である．

例題 3.1　行程容積が 600 cc の4サイクルエンジンがあり，エンジンの回転数が 6500 rpm のときに 26 kW の出力が出る．このときの平均有効圧力を求めなさい．

[解]　まず，1サイクルあたりの仕事量を求める．4サイクルエンジンだから2回転で1サイクルが完結する．したがって，1秒間のサイクル数 N は，つぎのようになる．

$$N = \frac{6500}{2 \times 60} = 54.2 \text{ [サイクル/s]}$$

したがって，1サイクル分の仕事 W は

$$W = \frac{26 \times 10^3}{54.3} = 480 \text{ [J]}$$

となり，平均有効圧力 P_m は，定義より，これを行程容積で割ることで求められる．

$$p_m = \frac{480}{600 \times 10^{-6}} = 0.80 \times 10^6 \text{ [Pa]}$$

3.3 熱効率の表し方

3.3.1 各種の熱効率

理論熱効率 η_{th} は，理論的なサイクルを考える場合の入力と出力の比であるから，理論的なサイクルで供給された熱量を Q_{th}，理論サイクルでした仕事を W_{th} とすると，

$$\eta_{th} = \frac{\text{理論的なサイクルでシリンダー内ガスがした仕事（熱量）（理論仕事）}}{\text{理論的なサイクルで供給された熱量}}$$

$$= \frac{W_{th}}{Q_{th}} \tag{3.6}$$

である．ここで，理論的なサイクルの仕事は理論的なサイクルにおける p–V 線図上での面積 W_{th} として求められる．

図示熱効率 η_i は，シリンダー内で燃焼ガスが実際にした仕事 W_i（計測した圧力から求められる p–V 線図上での面積）と実際にエンジンに取り入れられた熱量 Q_i との比と定義されるから，

$$\eta_i = \frac{\text{実際のサイクルでシリンダー内ガスがした仕事（熱量）（図示仕事）}}{\text{実際にエンジンに取り入れられた燃料のもつ熱量}}$$

$$= \frac{W_i}{Q_i} \tag{3.7}$$

によって表される．また，軸出力 W_e と実際に供給された熱量から求められるものが**正味熱効率** η_e（brake thermal efficiency）でつぎのように定義される．

$$\eta_e = \frac{\text{出力軸がした仕事（熱量）（正味仕事）}}{\text{実際にエンジンに取り入れられた燃料のもつ熱量}}$$

$$= \frac{W_e}{Q_i} \tag{3.8}$$

3.3.2 線図係数と機械効率

計測した圧力から求められる図示仕事と理論的なサイクルの仕事の比は，**線図係数** η_g（diagram factor）とよばれる．また，正味仕事と図示仕事との比は**機械効率** η_m

(mechanical efficiency) とよばれる．これらは式で表すとつぎのようになる．

$$\eta_g = \frac{W_i}{W_{th}} \tag{3.9}$$

$$\eta_m = \frac{W_e}{W_i} \tag{3.10}$$

ここで，η_g および η_m はつぎのように書くこともできる．

$$\eta_g = \frac{W_i/V_{str}}{W_{th}/V_{str}} = \frac{P_{mi}}{P_{mth}} \tag{3.11}$$

$$\eta_m = \frac{W_e/V_{str}}{W_i/V_{str}} = \frac{P_{me}}{P_{mi}}$$

$$= \frac{W_e/Q_i}{W_i/Q_i} = \frac{\eta_e}{\eta_i} \tag{3.12}$$

図2.14に示したように，理論空気サイクルと実際のサイクルとでは，圧力線図に差があり，線図係数ではそれら全体としての減少割合を表している．その差の原因は第2章で説明したように，圧縮，膨張行程は実際には断熱変化ではないこと，吸排気行程は同一の圧力経過にはならないこと，燃焼速度が有限であること，などである．線図係数は燃焼の過程，圧縮膨張の過程などが理論サイクルにどの程度近いかを示す指標である．

シリンダー内での仕事の一部は，ピストンとシリンダーの間の摩擦，クランクシャフトにおける摩擦など，ピストンに力が加えられてから出力軸に伝達される間の摩擦損失や潤滑油用のポンプなどの補助装置の動力として消費される．機械効率は摩擦などによる出力の低減の程度を示すもので，燃焼ガスがピストンに与えた仕事がどの程度有効に軸出力として伝えられたかを表す指標である．

例題 3.2 圧縮比が9.0のガソリンエンジンがある．エンジンを運転して図示仕事を求めたところ，1サイクルあたり560 N·mで，燃料によって供給された熱エネルギーは1サイクルあたり1420 Jであった．この場合の線図係数を求めなさい．また，この条件で機械効率が88%であったとして正味仕事を求めなさい．

［解］ まず理論仕事を求める．ガソリンエンジンであるからオットーサイクルであるとして理論熱効率は，式(2.31)に圧縮比9.0を代入して次式のように求められる．

$$\eta_{th} = 1 - \left(\frac{1}{\varepsilon}\right)^{\kappa-1} = 1 - \left(\frac{1}{9.0}\right)^{0.4} = 0.585$$

したがって，理論仕事 W_{th} はつぎのようになる．

$$W_{th} = 1420 \times 0.585 = 819 \text{ [J]}$$

図示仕事は 560 N·m であるので，線図係数 η_g はつぎのように求められる．

$$\eta_g = \frac{560}{819} = 0.684$$

また，正味仕事 W_e は機械効率が 88%であるから，つぎのように計算することができる．

$$W_e = 560 \times 0.88 = 493 \text{ [N·m]}$$

3.3.3　燃料消費率

具体的にエンジンを使用する場合には，単位出力あたりの燃料の消費量が重要な評価となる．これは**燃料消費率**（fuel consumption）b [g/(W·s)] とよばれる．エンジンの毎秒の燃料消費量を B [g/s]，そのときの出力を L [W] とすると，

$$b = \frac{B}{L} \tag{3.13}$$

と表される．なお，出力として図示出力を考える場合には図示燃料消費率（indicated fuel consumption），また，正味出力を考える場合には正味燃料消費率（brake fuel consumption）とよばれる．

ここで，単位質量あたりの燃料の発熱量を H [J/g] とすると，燃料消費率と熱効率 η との間には

$$\eta = \frac{L}{H \cdot B} = \frac{1}{H \cdot b} \tag{3.14}$$

の関係がある．発熱量は使用する燃料で決まり，一定であるから，熱効率と燃料消費率は逆比例の関係（逆数）にあることがわかる．

Column　燃費

エンジンの教科書に出てくる燃料消費率（燃費）は，エンジンそのものの熱効率（またはその逆数）の意味である．一方，一般的な会話で出てくる燃費は，自動車としての全体の効率の評価であり，エンジンの効率とともに，車体重量や形状（空気抵抗），動力伝達機構，走行抵抗などの効率を含めた総合的な評価である．

3.3.4　熱勘定

エンジンに供給された熱量がどのように利用されたかというエネルギーの分配状況を示すのが**熱勘定**（heat balance）であり，これを図式化したものが**熱勘定図**である．

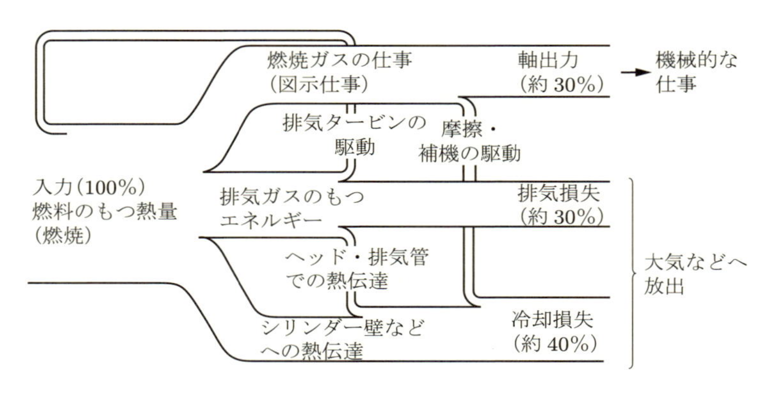

図 3.6　熱勘定図

一例を図3.6に示す．

エンジンに供給された燃料の発生熱量は，一部はエンジンの目的である機械仕事に変換されるが，かなりの部分は損失として放出される．供給された熱量は大きく三つのエネルギーに分けられる．一つは本来の目的である機械的な仕事となる**軸出力**，もう一つは**排気損失**，最後は**冷却損失**である．

（1）　軸出力

燃焼ガスがピストンに対してする仕事は，図示仕事である．この大部分が軸出力となる．図示仕事の一部はピストンとシリンダーの間の摩擦などによって摩擦エネルギーとして熱に変換され，冷却損失に変わる．また，排気タービン過給機がある場合には，排気エネルギーの一部が再利用され，その損失が補われる．そのほかの発電機やオイルポンプ，噴射ポンプなどの補機への仕事のかなりの部分は，最終的には熱エネルギーとして大気に放出される．図示仕事からこれらの損失を引いたものが軸出力となる．

（2）　排気損失

膨張行程の最後で，高温のガスのまま大気に放出される燃焼ガスのエネルギーが排気損失である．膨張行程の膨張比は有限であるから，膨張行程の最後の温度が周囲の大気温度まで下がることはない．燃焼したガスは，高い温度の状態のままで大気に放出されるため，排気温度と大気温度との差に相当するエネルギーが排気損失となる．

（3）　冷却損失

エンジンから伝熱現象で外気に出される熱エネルギーが冷却損失である．冷却損失が存在することは，熱効率の観点からは良いことではないが，エンジンの構成部材の強度を保つためにはエンジンをあまり高温にすることはできず，冷却せざるをえない．そのため，水冷式のエンジンでは冷却水を経由して大気に，空冷式のエンジンでは直接大気に，熱エネルギーが放出される．また，量的には多くはないが，高温のエンジン自体から熱放射として大気に放出される熱量も冷却損失である．

（4）　熱勘定の実際例

燃焼による熱エネルギーは，おおまかには図 3.6 に示したように，軸出力が約 30%，排気損失が約 30%，冷却損失が約 40%である．熱効率を上げるためには，排気損失や冷却損失を少なくすればよいことになる．排気損失を少なくすることは圧縮比を大きくすることにより，ある程度まで達成できる．冷却損失の削減は，エンジンの部材を断熱性のあるセラミックスなどに代えることによって，ある程度まで達成できるが，この場合には冷却損失は減少しても排気損失が増加するのでエンジン全体の熱効率の向上はあまり期待できない．

このように，エンジン全体として熱効率や出力を改善していくために，エネルギーの配分である熱勘定図が利用される．熱効率を向上させるためには，圧縮比を増加させることと，理論空気サイクルへ近づけるための希薄燃焼方式が有望視され，一部では実用化されている．エンジンの熱効率改善は積極的に行われてきており，一つの項目の改良だけでは大きな改善は望めない．エンジンそのものの熱効率の向上については燃焼に関連すること以外にも，各部の摩擦損失を低減するなどの試みが積極的に行われている．また，利用方法として多い自動車としての燃料消費率（走行燃費）の向上は，エンジンの改良に加えて，動力伝達部の摩擦の低減や車両の空気抵抗の減少，車両重量の低減など総合的な対策によって行われている．

3.4　体積効率と充てん効率

エンジンの吸入空気量は直接出力と関係するため，体積効率と充てん効率が定義されている．これらの定義は 4 サイクルエンジンに用いられる．

3.4.1　体積効率

エンジンが空気を吸入できる能力の指標として，**体積効率**（volumetric efficiency）η_v を次式で定義する．

$$\eta_v = \frac{V_i}{V_s} \tag{3.15}$$

ここで，V_i は 1 サイクルの間に実際にエンジンが吸入した新気を吸入外気条件の圧力・温度の状態に換算した体積であり，V_s は行程体積である．体積効率はまたつぎのようにも表され，後で述べる充てん効率と比較する場合にはこの式のほうが理解しやすい．

$$\eta_v = \frac{M_i}{M_s} \tag{3.16}$$

ここで，M_i は1サイクルの間に吸入した新しい気体（新気）の質量であり，M_s は外気条件の圧力，温度で行程体積 V_s を満たす新気の質量である．

分母 M_s は外気をゆっくり吸い込み，圧力と温度の変化がなく，上死点から下死点までのピストンの移動に従って新気が完全に流入するときの質量を表している．これは静的にエンジンが吸入できる新気の質量の最大値を表している．分子 M_i は実際の吸入新気の質量である．つまり，体積効率は，理想的に吸入できる新気の質量に対する実際に吸入できた新気の質量の割合を示している．

なお，新気とは，ガソリンエンジンでは混合気を，ディーゼルエンジンでは空気を意味する．ガソリンエンジンにおいては，吸入行程で吸気管での燃料の気化割合を特定しにくいので，ガソリンエンジンの場合でも，慣習として新気を空気と読み代えて定義することがある．

■ 3.4.2 充てん効率

体積効率と似た定義につぎに示す**充てん効率**（charging efficiency）がある．充てん効率 η_c は

$$\eta_c = \frac{M_d}{M_o} \tag{3.17}$$

によって定義される．ここで，M_d は実際に吸入した新しい乾燥空気の質量であり，M_o は標準状態（乾燥大気圧力 743 mmHg，温度 25°C）で行程容積 V_s を占める乾燥空気の質量である．エンジンが決まれば行程容積が決まるので，運転条件にかかわらず分母 M_o の値は一定である．M_d は吸入新気だから，充てん効率はその運転条件における吸入新気の量の無次元の表示である．

■ 3.4.3 体積効率と充てん効率の違い

吸入新気の質量は外気の条件によって変わるが，体積効率の場合は基準となる分母も外気の条件とともに変化するので，同一エンジンで同一運転条件であれば，場所，日時，圧力，温度の異なる外気条件下でも，体積効率は変化しない．3.4.1 項で体積効率をエンジンの吸入能力を表す指標であると説明した理由はこのためである．

充てん効率の定義では，分母はエンジンが決まれば行程容積によって決まる一定値である．しかし，分子は実際の吸入空気量で，外気条件に大きく左右されるから，エンジンの運転条件が同じであっても，圧力や温度の異なる条件で運転すれば充てん効率

は異なる．具体的には，運転条件が同じであっても，気圧の低い高地では気圧の高い平地と比較すると充てん効率は下がる（正確には気温の変化も考慮する必要がある）．つまり，充てん効率は吸入空気の絶対量を表しており，ガソリンエンジンの出力とほぼ比例的な関係にある．また，ディーゼルエンジンにおいては最大トルクと密接な関係にある．

例題 3.3 行程容積が 50 cc の 4 サイクルエンジンを回転数 4000 rpm で運転したときに吸入空気量を計ったところ，1.82 g/s であった．外気条件の空気の密度を 1.29 kg/m^3 としたとき，この運転条件での体積効率を求めなさい．

［解］ 行程容積 50 cc を占める外気条件での空気の質量 M_s は

$$M_s = 50 \times 10^{-6} \times 1.29 = 64.5 \times 10^{-6}\,[\mathrm{kg}]$$

となる．この運転条件で 1 サイクルあたりの吸入空気量 M_i は

$$M_i = \frac{1.82}{4000/60/2} = 54.6 \times 10^{-3}\,[\mathrm{g}]$$

である．したがって，体積効率 η_v は

$$\eta_v = \frac{M_i}{M_s} = \frac{54.6 \times 10^{-6}}{64.5 \times 10^{-6}} = 0.847$$

となり，体積効率は 84.7%となる．

3.4.4 2 サイクルエンジンの吸排気

2 サイクルエンジンの場合の吸排気の状態を評価するために，つぎのような定義を用いる．それらは，**掃気効率**（scavenging efficiency）η_s，**給気比**（delivery ratio）η_d，**給気効率**（trapping efficiency）η_{tr} で次式のように定義される．

$$\eta_s = \frac{M_n}{M_g} = \frac{V_n}{V_g} \tag{3.18}$$

$$\eta_d = \frac{M_s}{M_h} = \frac{V_s}{V_h} \tag{3.19}$$

$$\eta_{tr} = \frac{M_n}{M_s} = \frac{V_n}{V_s} \tag{3.20}$$

ここで，M_n は 1 サイクルの間に吸入し，シリンダー内に残った新気の質量，V_n はその標準状態における体積を表す．また，M_g はシリンダー内の全ガス質量，V_g はその標準状態における体積，M_s は 1 サイクルで吸入した新気の質量，V_s はその標準状態での体積，M_h は外気条件で V_h を占める新気質量，V_h は行程体積を表す．

2サイクルエンジンでは吸排気の方法が4サイクルエンジンとは異なり，新気の量と残留ガスの量がシリンダーにある新気の質や量と出力性能を大きく左右する.

掃気効率はシリンダー内にある気体の中の新気の割合を示すもので，燃焼したガスを排出し，新しい空気を吸入する掃気が有効に行われたかどうかを示す効率である．給気比は4サイクル機関の体積効率に相当するもので，エンジンの新気を吸入する能力を示す．給気効率は吸入された新気のうち，燃焼しないで排気ポートから出ていってしまう現象である，吹き抜けをしないで，新気がどれだけシリンダー内にとどまったかを示す効率である.

演習問題 [3]

3.1 回転数が 4000 rpm でトルクが 250 N·m であるとき，出力（仕事率）を求めなさい.

3.2 回転数に対するトルク曲線が一般的には中速で大きく，低速および高速では低下する理由を説明しなさい.

3.3 エンジンのトルク曲線は一般に中速で大きく，低速・高速ではやや下がる．一方，出力曲線は低速では小さいものの，比較的高速まで大きくなっていく．この理由を説明しなさい.

3.4 総排気量 2000 cc の 4 サイクルエンジンの出力軸におけるトルクが回転数 3000 rpm で 150.0 N·m であった．空燃比が 15：1，充てん効率が 85％であるとき，正味熱効率を求めなさい．ただし，燃料の発熱量を 44.0 MJ/kg，1 気圧，0°C の乾燥空気の密度は 1.292 kg/m^3 とする.

3.5 圧縮比が 10 のエンジンがあり，ある運転条件での線図係数が 0.80 であったとき，理論空気オットーサイクルに換算した場合の等価的な圧縮比を求めなさい.

3.6 ピストンがシリンダー内を運動するときに発生する摩擦熱が，どのように伝わり，最終的な熱勘定としてはどこに含まれるかを説明しなさい.

3.7 熱勘定図でもわかるように，排気エネルギーが大きいということはエンジンの熱効率が悪いことになる．排気エネルギーを少なくする方法を第 2 章も参考にして説明しなさい.

3.8 行程容積 500 cm^3 の単気筒 4 サイクルエンジンが 4000 rpm で回転している．吸入新気の流量を計測したところ，乾燥空気の質量流量は 16.2 g/s であった．このときの充てん効率を求めなさい．なお 1 気圧，0°C の乾燥空気の密度は 1.292 kg/m^3 とする.

第4章 燃料

エンジンのエネルギー源となる燃料の種類や性質を知っておくことは，燃焼や出力，燃効率などを理解するために重要である．

本章では，エンジンに使用される燃料にはどのようなものがあるか，またそれらはどのようにして作られるか，エンジンの燃料として必要とされる特性は何か，石油に代わる燃料はあるか，について学ぶ．

4.1 エンジンに使用される燃料

4.1.1 エンジンの燃料

エンジンに使用される燃料は，ほとんどが石油系燃料である．これ以外に，アルコール，植物油や液化ガスなども使用されることがあるが，その使用量はごくわずかである．

石油系燃料は，炭素と水素が化合した炭化水素である．石油系燃料は地下資源である原油から，使用目的に応じた成分を分離，または合成して作る．

主な原油の産地は中東諸国であり，輸入に関して日本ではこの地域への依存率が高い．原油の安定供給はエネルギー問題としてはもっとも重要な課題であるが，産油国の政治情勢や世界的なエネルギー利用状況でその価格は大きく変化する．最近の産油国として注目されているのはアメリカとロシアである．日本では産油国を中東諸国だけに頼らない，分散的な政策をとろうとしているが，なかなか実現できていない．日本では，石油の安定供給のために，国内に数ヶ月以上の石油使用量を備蓄する方策がとられている．

4.1.2 石油系燃料の分類

石油系燃料は，炭素と水素からなる**炭化水素**（hydrocarbons）である．原油そのものは多くの成分を含んだ混合物であるが，その分子構造によってつぎの4種類に分類される．

- ・パラフィン系（paraffins）
- ・オレフィン系（olefins）
- ・ナフテン系（naphthens）

・芳香族系（aromatics）
以下にこれらについて説明する．

4.1.3 炭化水素の構造

パラフィン系，オレフィン系，ナフテン系，芳香属系の代表的な分子構造の例を図 4.1 に示す．それぞれの一般的な構造の特徴はつぎのとおりである．

（1） パラフィン系

炭化水素の分子式は C_nH_{2n+2} で表される．図 4.1（a）に示すように炭素が直線的につながり，その周囲に水素がついた構造である．直線的に鎖のようにつながっているため，鎖状炭化水素とよばれる．また二重結合がない種類である．

（2） オレフィン系

この炭化水素は C_nH_{2n} の分子式で表される．パラフィン系と同じように図 4.1（b）に示す鎖状炭化水素であるが，パラフィン系と異なり炭素の結合の中に一つの二重結合がある．二重結合をもつ炭化水素を不飽和炭化水素という．二重結合が一つあり，パラフィン系でそこに化合していた水素が 2 個なくなるため，分子式でパラフィン系炭化水素より水素の数は 2 だけ少なくなる．

（3） ナフテン系

この炭化水素は C_nH_{2n} の分子式で表される．オレフィン系と同じ分子式であるが，その構造は鎖状ではなく図 4.1（c）に示すように炭素が輪のようにつながる環状構造

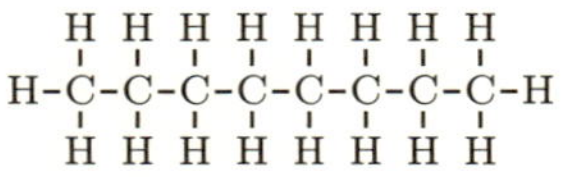

オクタン　C_8H_{18}

（a）パラフィン系炭化水素の例

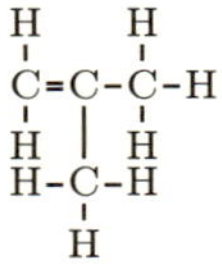

イソブテン　C_4H_8

（b）オレフィン系炭化水素の例

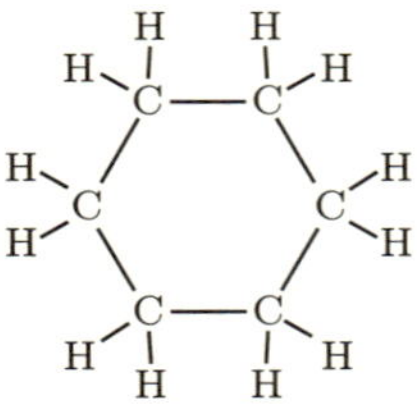

シクロヘキサン　C_6H_{12}

（c）ナフテン系炭化水素の例

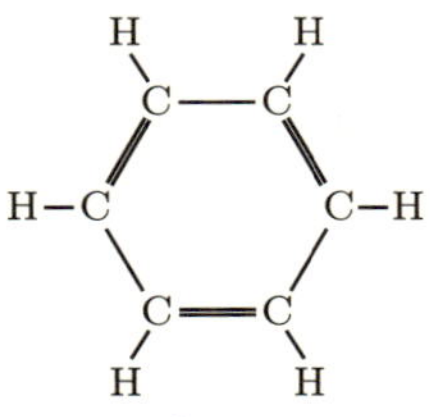

ベンゼン　C_6H_6

（d）芳香族系炭化水素の例

図 4.1　炭化水素の分子構造の例

である．その多くは 6 角形で，炭素どうしの結合に二重結合はない．

（4） **芳香族系**

この炭化水素は C_nH_{2n-6} の分子式で表される．図 4.1(d)に示す例のようにナフテン系と同じような炭素が輪になった環状構造であるが，その多くは 6 角形で，3 個の二重結合がある．芳香族の代表的なものはベンゼン（分子式：C_6H_6）で，これ以外にも環状の炭素のまわりに結合している水素の代わりにほかの炭化水素がついた複雑なものも多くある．

■ 4.1.4 石油系燃料の精製

地下資源として油田から汲み上られた石油は，**原油**（crude oil）とよばれる．原油には炭化水素以外に微量の硫黄分や金属，水なども含まれている．原油は多くの種類の炭化水素の混合物であるため，使用目的に応じて分ける必要がある．この分離には沸点の差を利用する．この方法を**分留**（fractional distillation）という．

分留では温度を少しずつ上げることによって，沸点の差を利用して各種の成分に分ける．原油の各成分の量と燃料などの利用目的による需要量は一致しないので，目的に応じて得られた成分を分解したり結合したりして，社会の需要に応えている．

分留された成分はつぎの 6 種類に分類される．これをまとめたものを表 4.1 および

表 4.1 原油の成分と用途

蒸留圧力	蒸留温度	炭素数	成分の名称	低発熱量［MJ/kg］	用　途
常圧蒸留	−160℃～常温付近	1～4	石油ガス	46～50	家庭用燃料，工業用燃料（天然ガス，LPG）
	30～180℃	5～11	ナフサ	44～45	ガソリンエンジン用燃料，工業用溶剤，化学工業用原料
	150～250℃	9～18	灯油	43～44	家庭用燃料，ジェットエンジン用燃料
	190～350℃	14～23	軽油	～42～	ディーゼルエンジン用燃料
	200～600℃	17～	重油	40～43	低速ディーゼルエンジン用燃料，工業用燃料
減圧蒸留	—	16～39	固体パラフィンなど		ワセリン，ろうそく
		20～50	潤滑油		潤滑油
		残留分	石油アスファルト		道路舗装材料，防水用材料

注） 蒸留温度や成分の炭素数はおよその目安である．文献によっては多少の差がある．発熱量についても同様で，参考値と考えたほうがよい．

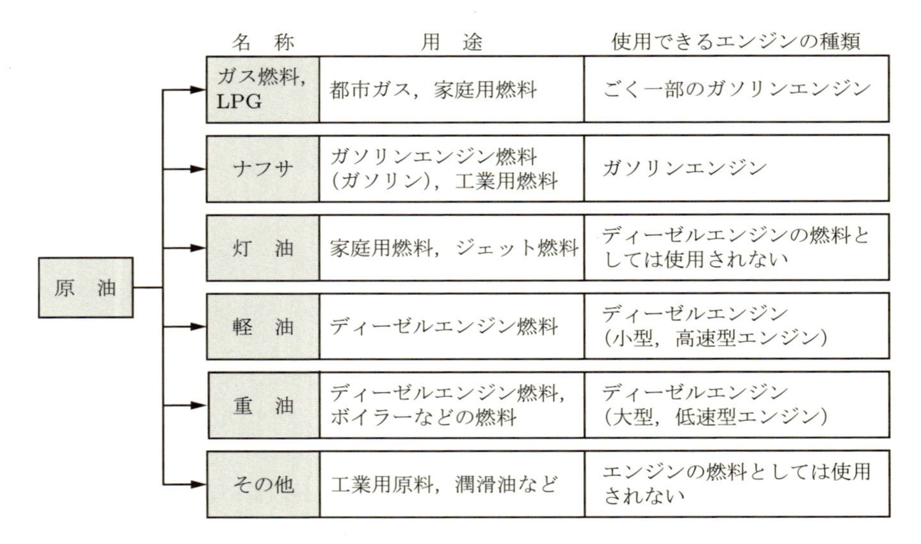

図 4.2 原油の分留成分とエンジンへの用途

図 4.2 に示す．

（1） ガス燃料，LPG

沸点が約 −160°C からほぼ常温までの成分であり，炭素数 1 のメタンから，炭素数 4 のブタンまでは常温常圧では気体である．分子構造が簡単でもっとも軽い成分はメタン（CH_4）で天然ガスの主成分である．原油採掘のときにこれらの成分も回収して燃料とする場合もあるが，気体であることから取り扱いが液体とは異なるため，油田では燃焼させて処分してしまう場合が多い．

メタン，エタンは天然ガス（量としては天然ガスだけの産出が多い）としてガス燃料に使用される．プロパンやブタンは比較的液化が容易であり，液化石油ガス（liquified petroleum gas：LPG）として家庭用燃料などに利用される．

（2） ナフサ

沸点が約 30°C から 180°C 程度までの成分で，炭素数は 5 から 11 程度までのものをいう．エンジンの燃料であるガソリンはここに含まれる．燃料以外にも化学薬品の原料や溶剤に使用される．ガソリンは本来は無色透明であるが，市販品は毒性を表すためにわずかに着色されている．

（3） 灯油

沸点が約 150°C から 250°C 程度までの成分で，炭素数は 9 から 18 までのものをいう．家庭用燃料の灯油やジェット燃料はこの分類に含まれる．ほぼ無色透明であるが，沸点の高い成分はわずかに薄茶色である．

（4） 軽油

沸点が約 190°C から 350°C 程度までの成分で炭素数は 14 から 23 までの成分をいう．高速型ディーゼルエンジンの燃料として利用される．無色透明に近い．

（5） 重油

沸点が約 200°C から 600°C 程度のものが燃料として使用される．大型の低速ディーゼルエンジンの燃料として利用される．沸点の高いものは粘度も高く，流動しにくいため，場合によっては，低沸点の成分を混合して使用する場合もある．沸点の低い順番に A，B，C 重油とよばれる．低沸点のものは茶褐色，高沸点のものは黒褐色である．

（6） その他

上記以上の沸点のものは，潤滑油，化学製品の原料，アスファルト，固体パラフィンなどに利用される．エンジンの燃料にはならない．

以上の成分のうち，エンジンの燃料に使用されるガソリン，軽油，重油の性状を表 4.2～4.4 に示す．

表 4.2 ガソリンの性状

項　目	JIS K 2202		ガソリン	
	1 号	2 号	プレミアム	レギュラー
オクタン価	95 以上	85 以上	98	90
分留性状				
10%℃	70 以下		55	50
50%℃	125 以下		110	90
90%℃	180 以下		160	150
97%℃	205 以下		175	170
蒸気圧（37.8℃）[kPa]	45～80		52	54
比重	—		0.76～0.78	0.73～0.76

表 4.3 軽油の性状

項　目	1 号	2 号	3 号
セタン価	53～61	53～59	46～61
分留性状 90%℃	301.5～333	289.5～329	284～317
比重（15.4℃）	0.827～0.837	0.828～0.838	0.818～0.841
引火点 [℃]	66～96	66～110	53～86
動粘度（30℃）（$\times 10^{-6}$ m^2/s）	3.1～4.3	3.0～4.3	1.9～3.1
硫黄成分 [%]	0.03～0.92	0.08～0.82	0.04～0.76

表 **4.4**　重油の性状

項　目	A 重油	B 重油	C 重油
JIS 規格	1 種	2 種	3 種 2 号
セタン価	—	—	—
分留性状 90%°C	—	—	—
比重（15.4℃）	0.835～0.879	0.892～0.917	0.932～0.970
引火点［℃］	66～108	65～115	88～138
動粘度（30℃） （$\times 10^{-6}$ m^2/s）	2.2～5.1	14.8～31.3	50～142
硫黄成分［%］	0.43～1.35	0.55～2.82	1.80～3.3
発熱量［MJ/kg］	44.7～46.0	43.5～45.0	42.7～44.0

4.2 石油系燃料の性質

エンジンの燃料の特性として重要な項目は発熱量，密度，粘度，気化性などである．また，これ以外で燃焼性については，ガソリンエンジン用の燃料としては，異常燃焼を起こしにくくするために，自己着火しにくいことが好ましい．また，ディーゼルエンジン用燃料では，容易に燃焼が始まるように自己着火しやすいことが好ましい．

4.2.1 発熱量

発熱量（heating value）は，燃料の性質の中でもっとも重要な因子である．熱エネルギーの発生源として単位質量あたり，単位体積あたりの発熱量は高いものほど燃料として使用しやすい．とくに移動式のエンジンの場合には，そのエネルギー源である燃料も同時に運ばなければならないから，重要な評価基準となる．

石油系燃料の単位質量あたりの発熱量はほとんど同じであるが，低沸点の軽質の成分がわずかに高く 44～45 MJ/kg，高沸点の重質成分の重油で 42 MJ/kg 程度である．

燃料 1 kg 中に含まれる炭素，水素，酸素，硫黄および水分の質量成分比をそれぞれ c，h，o，s，w ［kg］とすると，低発熱量 H_u ［MJ/kg］は近似的に次式で求められる．一般的には石油系燃料の主成分は炭素，水素で，これ以外の成分はごく微量であるので，それ以外は考慮しなくてもよい．

なお，この式以外にも何種類かの近似式があり，結果は微妙に変わる．

$$H_u = 34c + 117.5(h - o/8) + 10.5s - 2.5w \ [\mathrm{MJ/kg}] \tag{4.1}$$

例題 4.1 オクタン（分子式：C_8H_{18}）の発熱量を概算しなさい．ただし，C の原子量を 12，H の原子量を 1 とし，不純物は含まないものとする．

［解］ オクタンの分子量は

$$12 \times 8 + 1 \times 18 = 114$$

となる．C の質量割合 c は

$$c = \frac{12 \times 8}{114} = 0.842$$

となり，同じように H の質量割合 h はつぎのようになる．

$$h = \frac{18}{114} = 0.158$$

不純物はないので，式(4.1)の o，s，$w = 0$ であり，この式から発熱量 H_u は

$$H_u = 34 \times 0.842 + 117.5 \times 0.158 = 47.2 \text{ [MJ/kg]}$$

となり，オクタンの発熱量は約 47 MJ/kg となる．

例題 4.2 純粋な炭化水素燃料の発熱量はその種類によってあまり大きく変わらない．とくに液体燃料の発熱量は大きな差がない．その理由を説明しなさい．

［解］ 純粋な炭化水素であるから，C，H で構成され，その質量比を c，h とすると，

$$c + h = 1$$

となる．式(4.1)で C，H のみであるから，発熱量 H_u はつぎのように求められる．

$$H_u = 34c + 117.5h \text{ [MJ/kg]}$$

ここで，パラフィン系炭化水素を例にとると，分子式は C_nH_{2n+2} であるから質量比は

$$h = \frac{2n+2}{12n+2n+2} = \frac{2n+2}{14n+2} = \frac{2+2/n}{14+2/n}.$$

液体燃料では $n \geqq 5$ であるから $2/n \leqq 0.4$ である．

したがって，n が大きくなると，h の値は 2/14 に近い値となる．つまり，$c = 0.857$，$h = 0.143$ に近い値となり，c と h がほぼ一定の値になるので，ほぼ同じ発熱量となる．ほかの系の炭化水素でも C と H の比率は炭素数が多い場合にはほぼ同じであり，発熱量に大きな差はない．

具体的な数値としては，この値を式(4.1)に代入すると，

$$H_u = 34 \times 0.857 + 117.5 \times 0.143 = 45.94 \text{ [MJ/kg]}$$

となり，液体の炭化水素燃料の発熱量は 46 MJ/kg 程度であることがわかる．実際の発熱量の値はこの結果よりやや小さい．

4.2.2 密 度

燃料の**密度**（density）は，発熱量の評価と同じように，同じエネルギーを発生させるために，どれだけの質量または体積が必要か，という視点で重要な因子である．また，ディーゼルエンジンでは，シリンダー内の空気中に噴射した燃料の細かい粒子がどこまで飛んでいくか，つまり空気と混じり合いやすいかどうかに関係する因子でもある．

密度は炭素数が多いほど大きく，ガソリンでは 0.74×10^3 kg/m^3 程度，軽油で 0.83×10^3 kg/m^3 程度，重油で 0.90×10^3 kg/m^3 程度である．

4.2.3 粘 度

燃料の**粘度**（viscosity）は，エンジンへの燃料の供給を安定して行うためには重要な因子で，ポンプや配管，燃料噴射弁などで粘度が関係する．とくにディーゼルエンジンの燃料噴射では，粘度が大きいと燃料の微粒子の直径が大きくなり，噴射された燃料の量が同じであればエンジン内部での燃料の分布が悪くなる．つまり，燃焼させるための燃料と空気の混合が悪くなり，良い燃焼が行えない．一方，粘度が低いと，ポンプなどの燃料供給系の漏れや摩耗を起こしてしまうことになり，好ましくない．

4.2.4 気化性

（1） 気化性という特性

石油系燃料が各種の炭化水素の混合物であるため，どの燃料成分でも広い範囲の沸点のものを含んでいる．燃焼させる場合には，空気との混合を早く行うためにも，**気化性**（volatility）が良いほうが早く気体になり，燃焼させやすい燃料といえる．ただし，燃料の成分によって，加速性や異常燃焼の起こりにくさなども変わるために，これだけでは燃料の評価はできない．また，燃料を供給する場合に，燃料を供給するポンプや配管の中で燃料が気化することによって燃料供給がうまくいかないことが起こる場合もあり，気化性が良い場合にも問題が起こることがある．

（2） 気化性の試験方法

石油系燃料がどのような沸点をもつ成分を含んでいるかを評価する気化性の試験には，つぎの二つの方法がある．

（a） ASTM蒸留法（american society for testing materials）　**ASTM蒸留法**は，図4.3に示すように，大気圧の条件で燃料を加熱し，飽和蒸気になったものを加熱装置の外に取り出して冷却し，蒸発した体積を計測して沸点の成分を調べる方法である．燃料を加熱しながら燃料蒸気の温度とその温度までに蒸発した量の体積割合を測定す

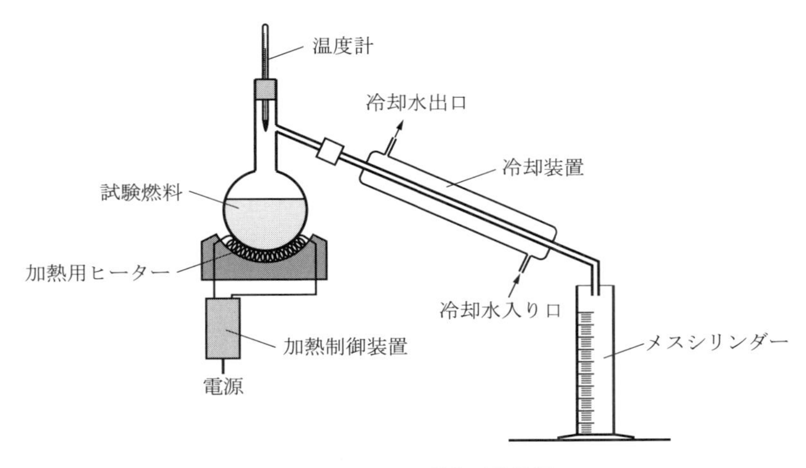

図 **4.3**　ASTM 蒸留試験装置

る．最初の一滴が留出するときの温度を初留点［°C］といい，蒸留中に得られる最高温度を終点［°C］という．この方法は測定が簡単で，精度が高く再現性が良い．ただし，燃料の飽和蒸気が存在する条件での蒸発試験であるから，実際のエンジンで燃料が気化する場合の条件とは異なっている．

エンジンに用いられる燃料の ASTM 蒸留法で試験した結果の例を図 4.4 に示す．この結果からも，ガソリン，軽油，重油とも多くの沸点成分を含む混合物であることがわかる．なお，これらの燃料は製造過程によって変化するので，ここに示した蒸留曲線は一つの目安である．

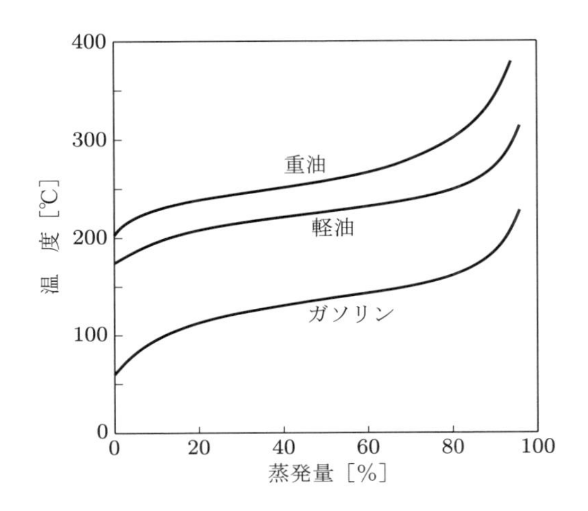

図 **4.4**　ASTM 蒸留試験結果の例

（b）　平衡空気蒸留法（equilibrium air distillation）　　図 4.5 に**平衡空気蒸留法**の試験装置を示す．この装置による試験方法は，空気と燃料の質量流量割合を一定になるように設定する．これを加熱温度を一定にした蒸発管に流し込んで，管の出口で蒸発しなかった残油量を計る．この試験を加熱温度をいろいろに変えた状態で測定し，蒸留曲線を求める．方法は複雑であるが，エンジンの使用条件に対してはこの試験方法のほうが実際の使用状態に近い．

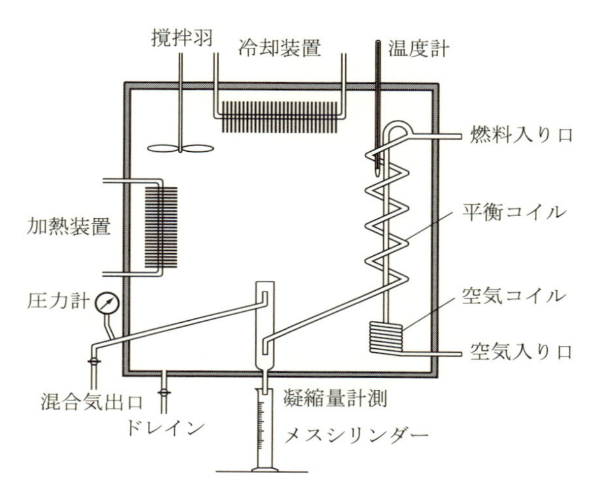

図 4.5　平衡空気蒸留試験装置

平衡空気蒸留法による燃料の試験は，設定した空燃比によって大きく変わる．ASTM 蒸留法のように飽和蒸気の状態で試験するわけではないので，同じ蒸発量となる温度は ASTM 蒸留法の結果に比べてはるかに低い温度である．

4.3　ガソリンエンジン用燃料

ガソリンエンジンに用いられる燃料はガソリンである．発熱量や粘度などはガソリンとして分類されるものの性質についてはあまり大きな変化はない．エンジンに使用する場合にはこれ以外の特徴である気化性と耐ノック性がもっとも重要となる．なお，一般的な性状は JIS（K2202）に規定されている．

4.3.1　気化性

ガソリンはエンジンの吸気管で供給される場合と，エンジン内に直接供給される場合がある．現在では吸気管に供給される場合が多い．燃焼のために燃えやすい混合気を作るためには，液体燃料が早く気化して，よく混ざった混合気を作ることが必要である．たとえば，6000 rpm で運転している 4 サイクルのエンジンでは 1 サイクル分の時間はわずかに 1/50 秒でこの時間内で燃料が気化し，空気と混合し，燃焼して仕事を終了する必要がある．そのため，エンジンを安定して運転するためには，燃料の気化性は燃料の特性として重要となる．

また，気化性はエンジンを低温の状態で始動する場合，低速から加速する場合のように運転条件の変化に対応した適切な混合気を作るためにも重要な因子である．

エンジンが冷えている条件で始動する場合には，気化の試験方法である ASTM 蒸留曲線の 10%点が低いほど始動しやすい．また，加速の場合には 35～65%の成分がより低温であるほうが良いといわれている．また 90%の温度が高い場合には，燃料がすべて気化しない場合があり，この成分はシリンダーに残ってエンジンの潤滑油と混合し，潤滑油を希釈する問題を起こす．

気化性は重要な因子であるが，低沸点の燃料成分が多いと，燃料を供給するポンプ，燃料配管などで部分的に燃料が気化して気体になってしまうことにより，ポンプが正常に機能しないなどの燃料供給に問題が起こる．この現象を**蒸気閉塞**（vapor lock）という．したがって，低沸点の成分が多すぎる場合にも問題が起こる．

4.3.2 耐ノック性

ガソリンに要求されるもう一つの重要な性質は**耐ノック性**（anti-knock property）である．これは，燃料そのものの異常燃焼の起こしにくさの指標である．**異常燃焼**とは，混合気が点火以外の原因で勝手に燃焼することによって起こる．このような異常燃焼では，出力が低下したり，熱損失が大きくなってしまう．この異常燃焼を**ノック**（knock）という．ガソリンの耐ノック性の指標は**オクタン価**（octane number）とよばれる．オクタン価が高ければ異常燃焼は起こりにくく，低ければ起こりやすい．

ノックは未燃の混合気が圧縮されて温度が上昇することによって起こるので，エンジンの圧縮比と密接な関係にある．

(1) オクタン価の試験方法

燃料の自己着火がエンジンの圧縮比と関係があることを利用して，燃料のオクタン価の試験を行う．試験に使用するエンジンは運転中でも圧縮比が変えられる特別な試験用エンジン（CFR エンジンとよばれている）を用いる．オクタン価を決める場合の**基準燃料**は決められていて，もっとも異常燃焼を起こしにくい基準燃料はオクタン（C_8H_{18}）とされ，そのオクタン価を 100，もっとも起こしやすい基準燃料はヘプタン（C_7H_{16}）とされ，そのオクタン価を 0 とする．

まず，試験したいガソリンを使用して，試験用エンジンを決められた条件で低い圧縮比から運転を始める．運転しながら圧縮比を高くしていくと，初めはノックが起こらない正常な燃焼であるが，ある圧縮比で異常燃焼が起こる．この圧縮比を記録しておく．つぎに基準燃料のオクタンとヘプタンをいろいろな割合で混合した燃料を作り，同じように試験用エンジンで圧縮比をいくつにしたときに異常燃焼が起こるかを試験する．この基準燃料の混合燃料で運転して，前に試験したガソリンと同じ圧縮比で異常燃焼を起こした場合，この混合した基準燃料のオクタンの体積割合（%）の数値を試験したガソリンのオクタン価と定義する．たとえば，試験したガソリンと，基準燃料であるオクタン 90%，ヘプタン 10%の混合燃料の耐ノック性が同じである場合，オクタン価は 90 であるという．この定義からわかるように，オクタン価はガソリンの成分の中のオクタンの割合ではない．この試験方法のイメージを図 4.6 に示す．

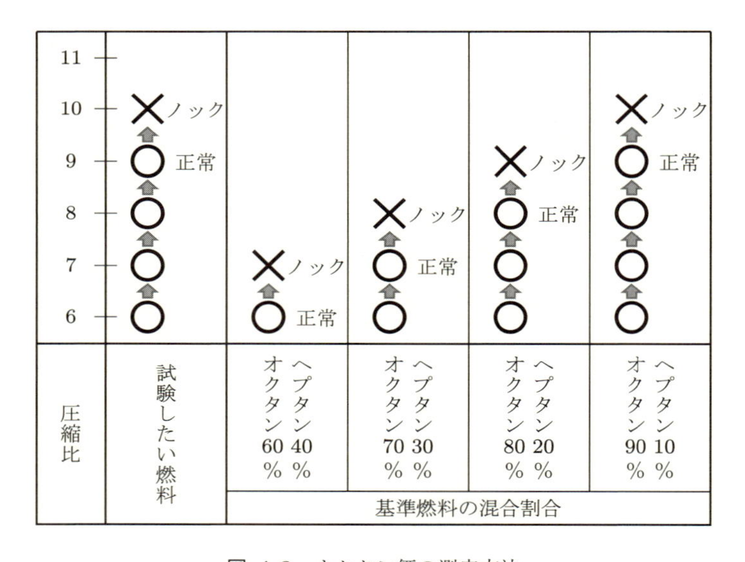

図 4.6 オクタン価の測定方法

なお，オクタン価の基準燃料とエンジンの運転条件は決められているので，実際には事前に多数の混合割合の燃料で実験をして基準燃料の混合割合とノックが起こる圧縮比のデータは用意できる．したがって，ノックが起こる圧縮比とオクタン価の対応表は準備できるので，試験したい燃料のノックが発生する圧縮比を実験で求め，対応表からオクタン価を求めることができる．ここでは定義をわかりやすくするために，基準燃料を用いた実験から始める方法で説明してある．

（2） オクタン価の種類

上記のオクタン価の試験方法が一般的ではあるが，これ以外にも，リサーチ法（F1法：オクタン価RON）とモーター法（F2法：オクタン価MON）がある．また，異常燃焼の発生はエンジンの燃焼室の形状にも依存するので，これを評価するメカニカルオクタン価や実際に自動車に使用した場合の総合的な評価としての走行オクタン価などもある．

純粋な成分の炭化水素のオクタン価の例を表4.5に示す．

表 4.5 オクタン価の例

炭化水素の種類	RON	MON
エタン	112	101
プロパン	111	97
ブタン	94	89
ヘキサン	25	26
ヘプタン	0	0
オクタン	100	100
シクロヘキサン	83	77
メタノール	105	92
エタノール	104	92
ガソリン（レギュラー）	91	81
ガソリン（プレミアム）	98	88

注）RONはリサーチ法，MONはモーター法によるオクタン価．

Column オクタン価について

耐ノック性の指標であるオクタン価は，オクタンという化学成分を基準として定められている．そのため，オクタンより耐ノック性の高い燃料もあり，オクタン価100以上のものもある．市販はされてないが，添加剤によりオクタン価100以上の燃料を作ることもできる．

Column ハイオクタンガソリン

いわゆる一般の「レギュラーガソリン仕様」の自動車にハイオクタンガソリンを使うメリットはない．レギュラーガソリン仕様のエンジンはレギュラーガソリンを使ったときにもっとも良い燃焼ができ，排気ガスもきれいになるように設計されている．ハイオクタンガソリンを使用しても出力が上がることはない．

4.4 ディーゼルエンジン用燃料

ディーゼルエンジンの燃料としては軽油または重油が用いられる．軽油は主に小型の高速ディーゼルエンジンに，重油は中低速ディーゼルエンジンに用いられる．ディーゼルエンジンの燃料で重要な性質は，燃料の粘度と着火性である．

4.4.1 燃料の粘度

粘度は，燃料を噴射する場合の燃料の微粒子の直径に影響する．このため，燃料噴射後の気化や燃料の微粒子がシリンダーの空気中で到達できる距離に影響する．したがって，燃料と空気が混合する状態，すなわち燃焼に大きな影響を与える．また，燃料を供給するポンプや噴射ノズルの摩耗にも影響する．

4.4.2 燃料の着火性

燃料の**着火性**は，ディーゼルエンジンが圧縮による**自己着火**（self ignition）で燃焼が開始するので，重要な因子である．この自己着火のしやすさの指標を**セタン価**（cetane number）という．セタン価の試験はつぎのように行われる．

（1） 試験用エンジンによるセタン価の計測

オクタン価と同じように，試験をしたい燃料を用いてエンジンを運転する．圧縮比を上げていくと，ある圧縮比で自己着火し，燃焼するようになる．この圧縮比を記録しておく．ディーゼルエンジン用の燃料での**基準燃料**は着火しやすい基準燃料をセタン（$C_{16}H_{34}$）とし，そのセタン価を100とする．着火しにくい基準燃料はメチルナフタリン（$C_{10}H_7 \cdot CH_3$）とし，このセタン価を0とする．この2種類の基準燃料を混合した燃料を使ってエンジンを運転し，混合した燃料の着火性を調べる．前に試験した燃料と同じ圧縮比で着火した場合に，混合した基準燃料のセタンの体積割合（%）をセタン価という．この試験方法のイメージを図4.7に示す．

この例では，試験したい燃料の着火性は基準燃料のセタンの割合が50%と同じであるから，セタン価は50と定義される．オクタン価の場合と同じように，基準燃料と試験方法はあらかじめ決められているので，事前に多数の基準燃料の混合物で着火性をテストしておき，圧縮比との対応表を作っておけば，毎回基準燃料のテストをする必要はない．セタン価は試験したい燃料中のセタンの成分割合ではなく，基準燃料の混合物で同じ着火性をもつセタンの割合であるので注意する．

（2） 物理的性質によるセタン価の評価

実際にエンジンを用いて試験する方法は手間がかかり，かつ精度もあまり良くない．

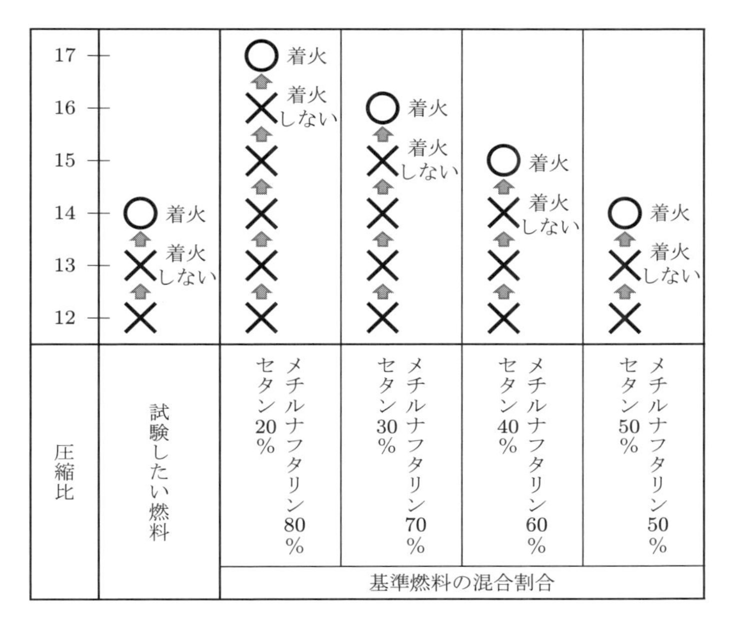

図 **4.7** セタン価の測定方法

そこで，セタン価に関係の深い燃料の物理的性質で，セタン価を求める方法がある．粘度や比重，沸点などから求める方法がいくつかあるが，つぎの**ディーゼル指数**（diesel index）がよく用いられる．

ディーゼル指数 DI は次式で求められる．

$$DI = \frac{AP \times SD}{100} \tag{4.2}$$

ここで，AP はアニリン点といい，アニリンが同じ体積の燃料に完全に溶ける燃料の温度［°F］であり，SD は燃料の API 比重（API：American Petroleum Institute で定めた 60°F の比重の関数）である．

ディーゼル指数 DI とセタン価 CN にはほぼつぎのような関係があり，ディーゼル指数がわかると容易にセタン価に換算できる．

$$CN = 0.306DI + 15.5 \tag{4.3}$$

軽油のセタン価は 50～60 程度，重油のセタン価は 25～40 程度である．

4.5 その他の燃料

ガソリンエンジンに使用される燃料は液体燃料がほとんどであるが，ごく一部に気体燃料が使用される.

4.5.1 炭化水素系気体燃料

気体燃料としては，天然ガスと石油系ガスがある．天然ガスの主成分はメタン（CH_4）で，産地によって組成が異なる．また，原油のように埋蔵されている地域に偏りが少なく，世界各地に埋蔵されている．液化して輸送する技術ができ，燃料としての使用量は増加した．多くはエンジンにではなく発電用の燃料や都市ガスとして利用されている．石油系ガスも炭化水素燃料であるが，原油の採掘と同時に得られたり，原油を分留するときに得られたりするのでこのように区分されるが，炭化水素であることは同じである．主成分はプロパン（分子式：C_3H_8）とブタン（分子式：C_4H_{10}）であり，沸点が常温に近いために比較的簡単に液化できるので使用しやすい．液化して保管するので液化石油ガス（LPG）とよばれる．家庭用燃料として多く用いられ，自動車用エンジンにもごく一部使用されている．

4.5.2 エンジンへの利用

天然ガスは圧縮ガス（compressed natural gas：CNG）としてエンジンの燃料としても使用され，南米を中心にすでに数百万台のエンジンに実際に使用されている．これからの普及には燃料を供給する設備の充実が必要である．

4.5.3 気体燃料の今後の利用

LPG や CNG は今後もある程度は利用されるであろうが，原油よりは広いものの，特定の地域で産出されるため輸入国を分散するというエネルギー対策としては利点が少ないこと，地球温暖化への CO_2 対策としての効果があまり大きくないこと，エンジンへの供給設備が整っていないこと，などから急激に利用が多くなることはないと考えられる．

またメタンは，地球温暖化に対してはLPGと同様で，炭化水素であるために抜本的な対策にはならない．しかし，産出する地域が世界各地にあることから，エネルギー対策としては有効である．また，最近では深海にシャーベット状で存在するメタンハイドレートが日本近海を含めて世界中に大量に存在することが確認されている．日本周辺でも試験的な掘削が行われており，実用化に向けた開発が行われている．エンジンに利用される可能性は低いが，今後期待される燃料の一つである．

4.5.4　代替燃料

石油の枯渇化と地球環境汚染への対策の必要性から，石油代替燃料の要求が高くなってきた．ここでは石油系燃料に代わるいくつかの燃料について述べる．現状ではなお石油の安定供給は続いているため，使用量としては多くはない．

（1）　メチルアルコール（メタノール）（分子式：CH_3OH）

工業的に生産可能なアルコールで，オクタン価が高くセタン価は低いため，ガソリンエンジンの代替燃料となりうる．しかし，単位質量あたりの発熱量がガソリンに比べて小さいこと，気化潜熱が大きいこと，腐食性があることなどの問題点がある．

（2）　エチルアルコール（エタノール）（分子式：C_2H_5OH）

植物を発酵させて作るアルコールである．メチルアルコールと特性は似ており，オクタン価が高い．気化潜熱が大きいこと，腐食性があることも同じである．植物を発酵させて作る方法は，原料や設備に問題があり，大量生産には向かない．ただし，広大な耕地を確保でき，植物の生長も早い南米ではこれを使用する自動車がかなりの台数に上っている．またアメリカの一部では，ガソリンとアルコールを混合した燃料（ガソホール）を使用している地域もある．日本でもごく少量のアルコールをガソリンに混合することが認められるようになった．今後ある程度の使用は考えられるが，日本ではこれが主流になることはないと考えられる．

（3）　なたね油

なたねから採取される植物油である．日本においてもディーゼルエンジン燃料としてわずかに利用されている．これも生産性に問題があり，部分的に使用されることはあっても軽油の代替燃料となる可能性は低い．

（4）　水素

炭素を成分として含まないため，エンジンからの排気ガス成分として問題とされる一酸化炭素，未燃炭化水素，CO_2 の発生はない．したがって，地球環境汚染対策としては非常に優れたものである．しかし，現時点では安価に製造する技術がないこと，沸点が約 20 K と非常に低いことから，とくに移動式のエンジンの燃料としては使用しにくい．圧縮して利用する方法，液化して使用する方法，水素を吸着しやすい水素吸蔵合金（metal hydride）などに貯蔵する方法が研究されているが，経済的な意味も含めて実用化は簡単ではない．さらに水素を供給する設備には莫大な経費がかかる問題もある．

以上のように，現在では石油系液体燃料にただちに代わる燃料はない状態にある．

ここで，表 4.6 に各種燃料の特性値を示す．

表 4.6 各種燃料の特性値

名 称	分子式	分子量	沸 点 [°C]	密 度 [kg/m³]	低発熱量 [MJ/kg]	理論混合比
メタン	CH_4	16	−162	0.714	50	17.2
エタン	C_2H_6	30	−88.7	1.352	47.5	16.1
プロパン	C_3H_8	44	−42.1	1.965	46.3	15.7
ブタン	C_4H_{10}	58	−11.7	2.586	45.7	15.5
ペンタン	C_5H_{12}	72	36	626	45.4	15.3
ヘキサン	C_6H_{14}	86	68.7	664	45.1	15.2
ヘプタン	C_7H_{16}	100	98.4	688	44.9	15.2
オクタン	C_8H_{18}	114	113.5	702	44.8	15.1
デカン	$C_{10}H_{22}$	142	174.1	730	44.6	15.1
ドデカン	$C_{12}H_{26}$	170	216	753	44.5	14.9
セタン	$C_{16}H_{34}$	226	280	774	44.3	14.9
メチルアルコール	CH_3OH	32	64.7	796	21.1	6.45
エチルアルコール	C_2H_5OH	46	78.3	794	27.7	9.01
水素	H_2	2	−253	0.0899	120	34.2
ガソリン	—	—	—	740	44.3	14.9
軽油	—	—	—	825	43.5	14.6
重油（A）	—	—	—	875	42.4	14.3

注）気体は 0°C，101.3 kPa での値．メタンからブタンまでとエチレン，アセチレン，水素が気体．ガソリン，軽油，重油は混合物なので参考値．分子量は概略値．

4.5.5 石油系燃料のこれから

石油系燃料は原料が地下資源である原油であることから，地球上の有限な資源であり，近い将来，枯渇の恐れがあるとされてきた．

しかし，ここ 20 年ほど石油の可採埋蔵量は増加するか，ほぼ一定で 40 年程度とされている．これは有限な地下資源を利用しているので，使用すれば減るということから考えると論理的には非常におかしい．このようになっている理由は，①採掘技術が発達して，従来採掘できなかった原油が採掘可能であると判断されたこと，それにより，②経済的に採算がとれるようになったこと，などによる．

また，アメリカでは，地下にある岩盤の隙間にある原油（シェールオイル）を圧力をかけて岩盤を破壊し，汲み上げる技術が実用化され，経済的にも採算がとれるようになったことから，アメリカは中東地域につぐ大きな産油国になった．

石油系燃料は環境問題を起こす因子になるが，これを解決すれば資源としてはまだ当分利用できる状況にある.

演習問題［4］

4.1 原油から精製される燃料を分類して簡単に説明しなさい.

4.2 石油系燃料で燃焼に関連する重要な項目を四つ挙げ，簡単に説明しなさい.

4.3 燃料の気化性についての試験方法を二つ挙げ，簡単に説明しなさい.

4.4 ディーゼルエンジン用の燃料では，粘度も重要な性質として挙げられる．この理由を説明しなさい.

4.5 ガソリンエンジン用燃料とディーゼルエンジン用燃料で発熱量以外に燃焼に関係して要求されるもっとも重要な項目をそれぞれ一つずつ挙げ，簡単に説明しなさい.

4.6 燃料の耐ノック性の必要性とその試験方法を説明しなさい.

4.7 燃料のセタン価について説明し，なぜ燃料の重要な性質であるかも述べなさい.

4.8 プロパン（C_3H_8）の発熱量を近似式によって概算で求めなさい.

4.9 エチルアルコール（C_2H_5OH）の発熱量を近似式によって概算しなさい.

4.10 ヘキサン（分子式：C_6H_{14}）とオクタン（分子式：C_8H_{18}）とが質量比で 1：2 に混ぜた燃料がある．この燃料の発熱量を概算しなさい．ただし，C の原子量を 12，H の原子量を 1 とし，不純物は含まないものとする.

第5章 燃焼

エンジンにおけるエネルギー発生の基本となる燃焼に関する知識は，エネルギーの発生方法，最適な燃焼方法を知るために役立つ．

本章では，エンジンの燃料である炭化水素を燃焼させる場合について，燃焼の基本的な反応式，燃焼による生成物，発熱量，理論混合比を求める方法，理論燃焼温度の考え方とその求め方を学ぶ．

5.1 燃焼反応と発熱量

エンジンで用いる熱エネルギーは，燃料の**燃焼**によって得られる．燃焼とは，発熱と発光を伴う急激な酸化反応である．

エンジンに用いられる燃料のほとんどは炭化水素の燃料であるので，燃焼反応は最終的には炭素，水素などの燃焼に帰着する．もっとも多く用いられている石油系燃料を考えると，その主な成分は炭素（C），水素（H）である．ここでは，燃料中の主成分の酸化反応を基本反応とよぶ．

5.1.1 基本反応と発熱量

つぎの反応式が基本反応である．

$$C + O_2 = CO_2 + 406.3\ [\mathrm{MJ/kmol}] \tag{5.1}$$

$$C + \frac{1}{2}O_2 = CO + 123.8\ [\mathrm{MJ/kmol}] \tag{5.2}$$

$$CO + \frac{1}{2}O_2 = CO_2 + 282.5\ [\mathrm{MJ/kmol}] \tag{5.3}$$

$$H_2 + \frac{1}{2}O_2 = H_2O + 286.3(241.4)\ [\mathrm{MJ/kmol}] \tag{5.4}$$

それぞれの化学反応式は，反応する分子数の対応と右辺最後の数字は燃料 1 kmol あたりの発熱量を表している．

これらの反応は，いずれも発熱反応であり，その反応によって発生する熱を**発熱量**（calorific value, heating value）とよんでいる．発熱量の正確な定義は，混合気が燃

表 5.1 基本反応の発熱量

化学反応	発熱量	
	[MJ/kmol]	[MJ/kg]
$C + O_2 = CO_2$	406.3	33.9
$C + 1/2\ O_2 = CO$	123.8	10.3
$CO + 1/2\ O_2 = CO_2$	282.5	10.1
$H_2 + 1/2\ O_2 = H_2O$	286.3（241.4）	143（120.6）

（ ）内は低発熱量

焼した後に，燃焼したガスを燃焼する前の温度に下げたときに取り出すことのできる熱量をいう．一般には燃焼が大気圧・大気温度で行われた条件での値である．上記の化学反応に対する発熱量をまとめて表 5.1 に示す．

一定圧力での燃焼，すなわち定圧燃焼では，燃焼前後のエンタルピー（h_1，h_2）の差を発熱量 H_p と定義するので，

$$H_p = h_2 - h_1 \tag{5.5}$$

と表される．一定容積での燃焼（定容燃焼）では，発熱量 H_v は燃焼前後の内部エネルギー（u_1，u_2）の差として次式で表される．

$$H_v = u_2 - u_1 \tag{5.6}$$

エンジンに使用する燃料は一般に炭化水素の化合物であり，前の基本反応に示したような単純な分子や原子ではなく，分子を構成するための原子どうしが結合している結合エネルギーがある．そのため，発熱量を正確に求める場合にはこのような基本反応に分解して考えることはできない．しかし，結合エネルギーは発熱量の 1～2 割程度にすぎないので，資料や文献で探せない複雑な組成の燃料では，燃料分子の組成によって，基本反応の発熱量から燃料の発熱量を概算する．

■ 5.1.2 低発熱量と高発熱量

水素を含む燃料の燃焼では H_2O が生成する．燃焼後にエネルギーとして熱を取り出した後に，H_2O が気体（水蒸気）の場合と液体（水）の場合とでは，取り出すことができる熱量は気化に必要な熱量分だけ異なる．熱エネルギーを取り出した後の状態が気体の場合には，液体になるまで取り出すことができるエネルギーより，気化熱相当分だけ低くなる．エネルギーを取り出した後の H_2O の状態が気体の場合の発熱量を**低発熱量**（lower calorific value）といい，液体の場合の**高発熱量**（higher calorific value）と区別する．エンジンでは燃焼による熱エネルギーを利用し，その後の燃焼ガ

スを大気中に100°C以上で放出するので，低発熱量分のエネルギーしか利用できない．

例題 5.1 エチルアルコール（分子式：C_2H_5OH）を燃焼させた場合には，低発熱量，高発熱量はあるか検討しなさい．

［解］ 水素を含んでいるので，炭化水素燃料と同じように低発熱量と高発熱量がある．酸化反応式で確認してみると，

$$C_2H_5OH + 3O_2 = 2CO_2 + 3H_2O \ (+26.8)$$

（最後の数字は低発熱量で単位は［MJ/kg］）

となるから，たしかに水または水蒸気が発生し，高発熱量の場合と低発熱量の場合がある．

5.1.3 燃焼状態の評価方法

エンジンの燃焼状態を把握するもっとも確実な方法は，燃焼圧力の計測である．燃焼圧力は定性的に燃焼状態を把握できるだけでなく，**熱発生率**として定量的に燃焼状態を評価することにも利用できる．

熱発生率とは，エンジンの燃焼において供給された燃料が時間的に（またはクランク角度ごとに）どのような割合で燃焼したかという燃焼割合をいう．

エンジンの中で混合気が時間的にどのような割合で燃焼したかがわかると，燃焼状態を把握することができ，エンジンの性能向上や熱効率の向上につながる有力なツールとなる．

熱発生率はクランク角度ごとの燃焼圧力を計測すれば，求めることができる．燃焼室が仮に一定の容積であれば，燃焼圧力の圧力上昇分がそのまま混合気の燃焼割合となる（正確には燃焼室から逃げる熱量を推定しなければならない）．しかし，エンジンの燃焼室の体積は一定ではなく時間とともに変化するので，この方法はそのままでは使用できない．圧力を計測したときにはその圧力に対応するクランク角がわかっているので，そのときの燃焼室の体積がピストンクランク機構の関係式から計算できる．この燃焼室の体積変化分を差し引けば，燃焼割合である熱発生率が計算できる．

5.2 混合比

燃焼における酸化剤は空気中の酸素であり，適切な燃焼を行わせるためには燃料と空気の割合が重要となる．この割合は**混合比**（mixture ratio）*AFR* とよばれ，次式のように質量比で表す．もっともよく用いられるのが**空燃比**（air fuel ratio）（または混合比）であり，空気と燃料の質量比である．また，空燃比の逆数を燃空比とよんで

使用する場合もある．

$$AFR = \frac{\text{空気の質量}}{\text{燃料の質量}} \tag{5.7}$$

5.2.1 理論混合比

燃料が完全燃焼する場合に必要な最少の空気量を理論空気量といい，この場合の空燃比を**理論空燃比**（stoichiometric air fuel ratio）または**理論混合比**（stoichiometric mixture ratio）という．混合割合の表し方としては，理論空燃比を基準にして次式のような**当量比**（equivalence ratio）を用いることもある．

理論混合比 AFR_{th} は，

$$AFR_{th} = \frac{\text{完全燃焼する場合に必要な最少の空気の質量}}{\text{燃料の質量}} \tag{5.8}$$

という定義で表される．また当量比 ϕ は，

$$\phi = \frac{\text{理論混合比}}{\text{実際の混合比}} \tag{5.9}$$

と定義される．つまり，$\phi = 1$ は理論混合比のことである．

5.2.2 理論混合比の求め方

炭化水素系の燃料の分子式を $\mathrm{C}_n\mathrm{H}_m$ とすると，完全燃焼する場合の化学反応の基礎式は，

$$\mathrm{C}_n\mathrm{H}_m + \left(n + \frac{m}{4}\right)\mathrm{O}_2 = n\mathrm{CO}_2 + \left(\frac{m}{2}\right)\mathrm{H}_2\mathrm{O} \tag{5.10}$$

によって表される．この式は燃料 1 分子と酸素（$n + m/4$）分子が反応すれば，燃料，酸素とも燃焼に過不足が生じないで完全燃焼できることを表している．

空燃比は質量比であるから，簡単のために原子量を炭素 12，水素 1，酸素 16 とすると，燃料と酸素の質量はそれぞれ

燃料：$12 \times n + 1 \times m$

酸素：$32 \times (n + m/4)$

となる．一方，酸素は空気中の成分であり，空気の組成は表 5.2 に示すとおりである．酸素以外の主成分は窒素であり，酸素，窒素以外の成分は不活性で，その割合も微量であるから，酸素以外の成分をすべて窒素と見なすと，空気中の酸素と窒素の質量比は 1：3.312 である．

上で求めた必要な酸素の質量と，空気中の酸素成分の質量比からこの酸素の質量を

表 5.2 空気の組成

組 成	容積比［%］	分子量	比較質量	比容積	比質量
酸 素	20.99	32.000	6.717	1.00	1.000
窒 素	78.03	28.016	21.861	3.76	3.312
アルゴン	0.94	39.949	0.376		
炭酸ガス	0.03	44.003	0.013		
水 素	0.01	2.016	0.000		
合 計	100.00		28.967	4.76	4.312

含む空気の質量は酸素の質量の 4.312 倍である．したがって，燃料とこれを燃焼させるときに必要な空気の質量は，

燃料：$12n + m$

空気：$4.312 \times 32(n + m/4)$

となる．したがって，C_nH_m の燃料の理論空燃比 AFR_{th} は次式で表される．

$$AFR_{th} = \frac{4.312 \times 32(n + m/4)}{12n + m} \tag{5.11}$$

また，燃料組成としてほかの成分を含んでいる場合も，同じように完全燃焼する場合の酸化反応の反応式を立て，同様の計算によって理論混合比を求めることができる．

例題 5.2 エチルアルコール（C_2H_5OH）の理論混合比を求めなさい．

［解］ エチルアルコールの燃焼反応は，つぎのとおりである．

$$C_2H_5OH + 3O_2 = 2CO_2 + 3H_2O$$

ここで，C_2H_5OH の分子量は

$$12 \times 2 + 1 \times 6 + 16 = 46$$

であるから，O_2 はつぎの量だけ必要になる．

$$3 \times 32 = 96$$

これを含む空気はこの 4.312 倍であるから，理論混合比 AFR_{th} は

$$AFR_{th} = \frac{4.312 \times 96}{46} = 9.00$$

となる．液体の炭化水素燃料の空燃比は 15 くらいであるが，アルコールの場合は燃料中に酸素を含んでいるため，完全燃焼に必要な空気量は少なくてよく，空燃比は小さくなる．

5.3 理論燃焼温度

発熱量が与えられている燃料の概略的な**理論燃焼温度**を求めてみる．正確な燃焼温度は，燃焼ガスの正確な組成と物性値が与えられていないと計算できないが，概略的な理論燃焼温度はつぎのようにして求めることができる．

5.3.1　理論燃焼温度の求め方

基本となる考え方は，燃焼前後のエネルギーが保存されるというエネルギー保存則である．すなわち，燃焼前の混合気のもっている熱エネルギー（燃焼するときの発熱量を含む）E_u は燃焼後の燃焼ガスのもっている熱エネルギー E_b に等しい．つまり，次式が成り立つ．

$$E_u = E_b \tag{5.12}$$

燃焼前の混合気のもつエネルギー E_u は，燃料の発熱量と燃料および空気そのものがもっているエネルギーである．ここでは一例として定圧燃焼の場合を考える．また，混合比は理論混合比とし，燃焼後の燃焼ガスには未燃の燃料や余分な酸素は残っていないものとする．

なお，以下の説明では エネルギーを E，温度を T，定圧比熱を c_p，物質の添え字は燃料を f，空気を a とし，炭素，水素，窒素，酸素を C，H，N，O，二酸化炭素，酸素，窒素，水蒸気を CO_2，O_2，N_2，H_2O などと表す．

5.3.2　エネルギーと燃焼温度の計算

（1）　燃焼前の混合気のエネルギー

燃料と空気の初期温度を T_i，0°C から T_i までの平均定圧比熱を $[c_p]_{T_i}$ と表し，燃料の添え字を f，空気の添え字を a とする．温度 t_i の燃料と空気の平均定圧比熱はそれぞれ $[c_{pf}]_{T_i}$，$[c_{pa}]_{T_i}$ と表す．

ここで，エネルギーを求める場合に平均比熱を用いているのは，比熱が温度によって変化することを考慮するためである．

燃料 1 kg あたりの発熱量を H_u，空燃比を R とする．ここで，燃料 1 kg 中に含まれる成分 C，H，N，O の質量（この場合は質量組成比でもある）を w_{C}，w_{H}，w_{N}，w_{O} とし，混合気中の空気中の O_2，N_2 の質量を $w_{a\mathrm{O}}$，$w_{a\mathrm{N}}$ とする．燃料 1 kg に対して空気は R kg であるから，燃料 1 kg を含んだ燃焼前の混合気のもつエネルギー E_u はつぎのようになる．

$$E_u = H_u + [c_{pf}]_{T_i} \cdot T_i + R \cdot [c_{pa}]_{T_i} \cdot T_i \tag{5.13}$$

右辺第1項は燃料の発熱量，第2項は燃料そのもののエネルギー（エンタルピー），第3項は空気のもつエネルギー（エンタルピー）である．これらの和が燃焼前の混合気のもつエネルギーである．

（2） 燃焼後の燃焼ガスのエネルギー

理論混合比の混合気が燃焼した場合の燃焼ガス成分は CO_2，H_2O，N_2 である．燃焼温度を T_b と仮定し，それぞれの燃焼ガス成分の0°Cから T_b までの平均定圧比熱を $[c_{pCO_2}]_{T_b}$，$[c_{pH_2O}]_{T_b}$，$[c_{pN_2}]_{T_b}$ とする．

それぞれの成分ができる質量を考えると，燃料中の1 kmolのCからは1 kmolの CO_2 が生成するから，質量で考えると12 kgのCから44 kgの CO_2 が生成することになる．つまり，1 kgのCに対して CO_2 は44/12 kg生成する．ほかの成分についても同様に考えると，燃焼ガス中の CO_2，H_2O，N_2 の質量 w_{CO_2}，w_{H_2O}，w_{N_2} は

$$w_{CO_2} = \frac{44}{12} w_C \tag{5.14}$$

$$w_{H_2O} = \frac{18}{2} w_H \tag{5.15}$$

N_2 は燃焼に直接関係しないから，はじめからある空気中の N_2 の質量となり，

$$w_{N_2} = w_{aN} \tag{5.16}$$

となる．

それぞれのガスのもつエネルギー E_{CO_2}，E_{H_2O}，E_{N_2} は燃焼温度を T_b としているから，生成する質量と比熱と温度を掛けて得られるので，

$$E_{CO_2} = \frac{44}{12} w_C \cdot [c_{pCO_2}]_{T_b} \cdot T_b \tag{5.17}$$

$$E_{H_2O} = \frac{18}{2} w_H \cdot [c_{pH_2O}]_{T_b} \cdot T_b \tag{5.18}$$

$$E_{N_2} = w_{aN} \cdot [c_{pN_2}]_{T_b} \cdot T_b \tag{5.19}$$

で表される．したがって，式(5.17)～(5.19)から燃焼ガスのもつエネルギー E_b は

$$E_b = E_{CO_2} + E_{H_2O} + E_{N_2} \tag{5.20}$$

となる．ここで，燃焼前後のエネルギーが等しい条件式(5.12)であるから，式(5.13)と式(5.20)を等しいとおいて

$$H_u + [c_{pf}]_{T_i}\cdot T_i + R\cdot[c_{p_a}]_{T_i}\cdot T_i$$
$$= \frac{44}{12}w_{\mathrm{C}}\cdot[c_{p\mathrm{CO_2}}]_{T_b}\cdot T_b + \frac{18}{2}w_{\mathrm{H}}\cdot[c_{p\mathrm{H_2O}}]_{T_b}\cdot T_b + w_{a\mathrm{N}}\cdot[c_{p\mathrm{N_2}}]_{T_b}\cdot T_b \tag{5.21}$$

となる．この式から燃焼温度 T_b を求めることができる．

式(5.21)は一見して，単に T_b の一次関数のように見えるが，実際の燃焼ガスは完全

表 5.3 気体の平均比熱（0°C から T°C まで）$[c_p]$ [kJ/(kg·K)]

温度［°C］	N_2	O_2	CO	H_2O	CO_2	air
0	1.038	0.913	1.042	1.859	0.820	1.005
100	1.042	0.925	1.042	1.871	0.871	1.009
200	1.047	0.938	1.047	1.892	0.913	1.013
300	1.051	0.950	1.055	1.917	0.954	1.017
400	1.059	0.967	1.063	1.946	0.988	1.030
500	1.067	0.980	1.076	1.976	1.017	1.038
600	1.076	0.992	1.088	2.009	1.047	1.051
700	1.088	1.005	1.101	2.043	1.067	1.059
800	1.101	1.017	1.113	2.076	1.088	1.072
900	1.109	1.026	1.122	2.110	1.109	1.080
1000	1.118	1.038	1.130	2.143	1.126	1.093
1100	1.130	1.042	1.143	2.177	1.143	1.101
1200	1.139	1.051	1.151	2.210	1.160	1.109
1300	1.147	1.059	1.160	2.240	1.172	1.118
1400	1.155	1.067	1.168	2.273	1.185	1.126
1500	1.160	1.072	1.176	2.302	1.197	1.134
1600	1.172	1.080	1.180	2.332	1.206	1.143
1700	1.176	1.084	1.189	2.361	1.218	1.147
1800	1.180	1.088	1.193	2.390	1.227	1.151
1900	1.185	1.097	1.197	2.415	1.235	1.160
2000	1.193	1.101	1.206	2.440	1.243	1.164
2100	1.197	1.105	1.210	2.461	1.247	1.168
2200	1.201	1.109	1.214	2.482	1.252	1.172
2300	1.206	1.113	1.218	2.503	1.256	1.176
2400	1.210	1.118	1.222	2.524	1.260	1.180
2500	1.218	1.122	1.227	2.549	1.264	1.185
2600	1.222	1.126	1.231	2.570	1.273	1.189
2700	1.227	1.130	1.235	2.587	1.281	1.193
2800	1.227	1.134	1.239	2.608	1.289	1.197
2900	1.231	1.139	1.239	2.625	1.298	1.201
3000	1.235	1.143	1.243	2.646	1.302	1.201

ガスではなく，表 5.3 に示すように温度によって平均比熱 $[c_p]$ が変化し，比熱も T_b の関数である．したがって，T_b をただちに求めることができないので，燃焼温度を仮定し，これに対応する $[c_p]$ 値を求め，式(5.21)の両辺が等しくなるように繰り返し計算を行って燃焼温度を求める．

なお，ここでは燃料の組成を与えてあり，かつ理論混合比の条件なので，R および w は m，n の関数として求められるが，式が理解しにくくなるので，この文字をそのまま用いている．

例題 5.3 比熱が温度によって変化しないとして，概略的な燃焼温度を求める方法を示しなさい．

[解] 概略的な燃焼温度を求める場合につぎの仮定をする．①燃焼前の混合気のもつ熱エネルギーは発熱量だけとする（つまり，燃料や空気そのもののもつ熱エネルギーは発熱量に比べて十分小さいとして無視する）．②比熱は温度にかかわらず一定とする（この仮定は正確には間違いであることはすでに述べた）．

このように仮定すると，式(5.12)は

$$E_u = H_u \tag{5.22}$$

となるから，これと仮定②から，式(5.21)はつぎのようになる．

$$H_u = \frac{44}{12} w_{\mathrm{C}} \cdot [c_{p\mathrm{CO_2}}] \cdot T_b + \frac{18}{2} w_{\mathrm{H}} \cdot [c_{p\mathrm{H_2O}}] \cdot T_b + w_{a\mathrm{N}} \cdot [c_{p\mathrm{N_2}}] \cdot T_b \tag{5.23}$$

この式では c_p は温度に関係なく一定としたので，T_b の 1 次式である．したがって，発熱量と燃焼後の成分を計算して代入すれば，T_b をただちに求めることができる．

本文で説明した燃焼温度の求め方は繰り返し計算が必要になるが，この例題の結果はその第 1 次近似としても利用できる．

なお，実際の燃焼では**熱解離**という現象があるため，先に述べた理論燃焼温度にはならず，これより少し低い温度となる．燃焼ガスの温度が約 1700 K を超えると，燃焼によって生成した CO_2，H_2O などの分子が，ごく部分的に逆反応（吸熱反応）を起こす．この場合の反応式の例はつぎのようなものである．

$$\mathrm{CO_2} \longrightarrow \mathrm{CO} + \frac{1}{2}\mathrm{O_2} - 282.5\ [\mathrm{MJ/kmol}] \tag{5.24}$$

$$\mathrm{H_2O} \longrightarrow \mathrm{H_2} + \frac{1}{2}\mathrm{O_2} - 241.4\ [\mathrm{MJ/kmol}] \tag{5.25}$$

（ただし，低発熱量として）

例題 5.4 燃料が燃焼し，20°C の混合気が熱解離がない場合に 2100°C の燃焼ガスになったとする．このときに熱解離が 1%（質量割合）起こったとすると，燃焼温度はおよそ何度になるか求めなさい．

[解] 概略的にはつぎのように考える．燃焼ガスの熱容量を C［kJ/K］とし，熱解離がない場合の発熱量を H_u［kJ/kg］とすれば，温度上昇分 ΔT［K］はおよそ

$$\Delta T = \frac{H_u}{C}$$

となる．ここで，熱解離が 1%起こるということは発熱量が 1%減ると考えてよいから熱解離がある場合の発熱量 H'_u は $H'_u = 0.99H_u$ になる．正確には熱容量 C も変化するが，同じであると仮定すると，温度上昇分 $\Delta T'$ は

$$\Delta T' = \frac{H'_u}{C} = 0.99\frac{H_u}{C} = 0.99 \times (2100 - 20) = 2059$$

となる．ゆえに，燃焼温度 T はつぎのようになる．

$$T = 20 + 2059 = 2079\ [^\circ\mathrm{C}]$$

熱解離が 1%起こると燃焼できる燃料は 99%，さらに熱解離で 1%減少して約 98%と考えるのは考えすぎである．燃焼してできた酸化物（100%）の一部が逆反応（1%）を起こすと考えるべきである．

演習問題［5］

5.1 プロパン（C_3H_8）の発熱量を本文の基礎反応を利用して概算によって求めなさい．

5.2 表 5.2 における水素の低発熱量と高発熱量の差を数値で説明して確認しなさい．

5.3 定圧条件と定容条件での発熱量の差について考察しなさい．

5.4 理論混合比を燃料組成から分子数の比として求めていき，最後に質量に換算する方法もある．この方法によって理論空燃比を求めなさい（ただし，この方法は煩雑であり，空燃比計算としては薦められない）．

5.5 燃料がデカン（$C_{10}H_{22}$）で，空燃比が 18 である場合の概略的な燃焼温度を求めなさい．ただし，燃焼は定圧で行われ，簡単のために未燃混合気のエネルギーは発熱量のみとし，比熱は 1800°C の平均比熱で一定であり，デカンの発熱量は 44.0 MJ/kg，初期温度は 20°C とする．

5.6 燃料がオクタン（C_8H_{18}）で理論混合比であるとき，定圧燃焼での理論燃焼温度を求めなさい．ただし，オクタンの発熱量を 44.8 MJ/kg とする．

5.7 本文で述べた燃焼温度の求め方は概略的であるとしているが，ここで述べたこと以外にどのような項目を考慮すべきか説明しなさい．

第6章 吸排気

エンジンを正常に運転し，十分な出力を出すためには，新気の吸入と燃焼ガスの排気を効率よく行わなければならない．

本章では，エンジンの性能に対して吸排気が重要である理由や，エンジンの性能に深く関係する吸入空気量を多くしたり，排気を十分に行わせるたりするような弁時期を最適にする考え方，吸気弁，排気弁の機構，過給装置の構造や機能などについて学ぶ．

6.1 エンジンの吸排気

エンジンで発生させる力学的なエネルギーはエンジンに供給した燃料を燃焼させて得られる．したがって，このエネルギーの変換システムを有効に機能させるためには，新しい空気または混合気（**新気**）をできるだけ多く吸入する吸気系と，仕事をした後の燃焼ガスをエンジンの中に残らないように，できるだけ多く排出するための排気系が非常に重要となる．この二つの動作は，新しい空気または混合気と仕事が終わった燃焼ガスを入れ替えるために，**ガス交換**（gas exchange）とよばれ，4サイクルエンジンでも2サイクルエンジンでも同じような吸排気が行われる．

ここでは吸気と排気の行程が独立していて，ガス交換の機能や役割がわかりやすい4サイクルガソリンエンジンの場合を例に具体的に説明する．

6.2 4サイクルエンジンの吸排気

ガス交換を正確で確実に行うためには，吸排気弁を開閉する時期がもっとも重要である．この弁の開閉時期を**弁時期**（valve timing）とよぶ．6.1節で述べたように，吸入行程ではできるだけ多くの空気または混合気を吸入し，排気行程では燃焼ガスをできるだけエンジン外に排出し，シリンダー内に前のサイクルの燃焼ガスを残さないようにすることが大切である．これを十分に機能させるためには，作動流体である気体の圧縮性と慣性を考慮する必要がある．さらに，弁を動かす動弁系の強度や応答性も考慮する必要がある．

6.2.1　作動流体の圧縮性

一般的によく利用する運転条件では，ガス交換を最適にする弁時期にもっとも影響する因子は作動流体の**圧縮性**である．もし作動流体が非圧縮性で，つねにピストンの動きに追従するのであれば，吸気弁・排気弁の動作タイミングは図 6.1（a）のように設定すればよい．つまり，吸気弁が上死点（TDC）で開き，下死点（BDC）で閉じればピストンの動く体積分のすべてに吸入新気が入り，新気の吸入量は最大となる．また，排気弁も同様に下死点で開き，上死点で閉じればシリンダー内の行程容積分のガスを排気できる．しかし，実際の作動ガスには圧縮性があるので，作動ガスはピストンの

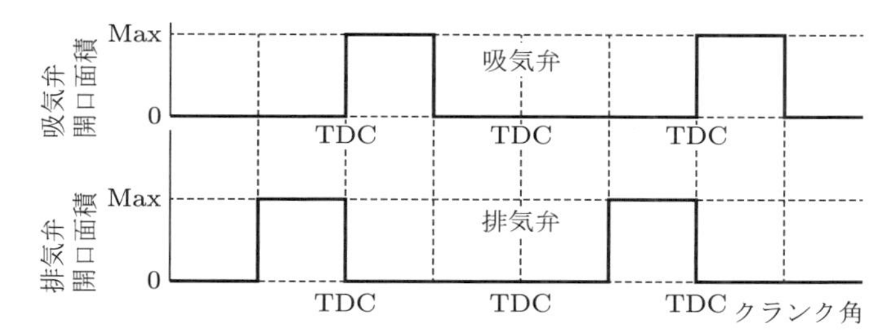

（a）作動ガスの圧縮性，弁の慣性を無視した場合の最適弁開閉時期

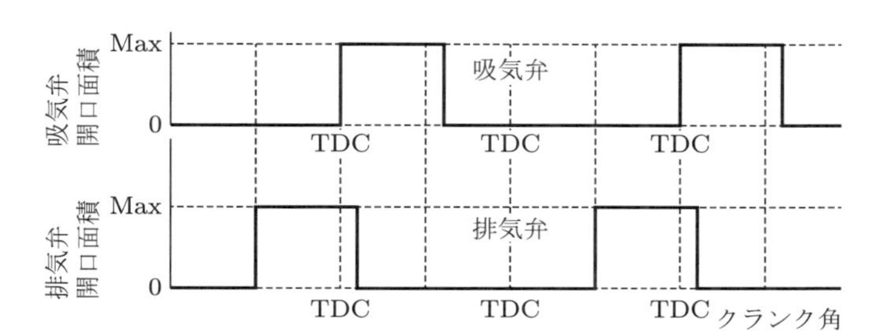

（b）作動ガスの圧縮性を考慮し，弁の慣性を無視した場合の最適弁開閉時期

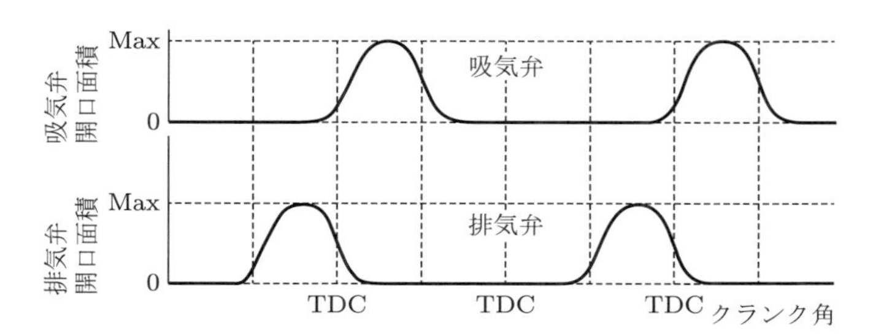

（c）作動ガスの圧縮性，弁の慣性を考慮した場合の最適弁開閉時期

図 6.1　最適な弁時期の考え方

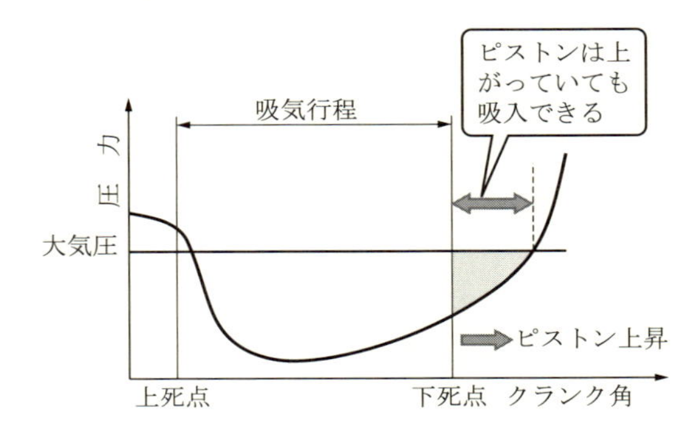

図 6.2 吸気行程の圧力線図

動きに対して完全には追従しない．吸入行程では，ピストンの移動距離，すなわちシリンダー内の体積変化より新気の流入量は流動抵抗などによって少なくなるので，シリンダー内の圧力は負圧になる．この負圧が長く続くと，吸気弁を閉じるべき時期である吸気下死点では，シリンダー内の圧力はまだ大気圧まで回復しないで低い状態にある．図 6.2 に吸気行程におけるシリンダー内の圧力経過の例を示す．

この図に示した条件では，ピストンが下死点を過ぎて，吸気行程から圧縮行程になってピストンがすでに上がりはじめても，まだシリンダー内は負圧である．したがって，行程（ピストンの動き）としては圧縮行程であっても，シリンダー内の圧力が吸気管内の圧力と平衡する時期まで弁を長い期間開けておけば，この間にさらに新気が吸入される．つまり，下死点で弁を閉じる場合より吸入空気量は増加する．排気行程でも同様であり，上死点を過ぎてピストンが下がり始めても，シリンダー内の圧力が高い場合は，外気の圧力と等しくなる時期まで排気弁を開けておけば，シリンダー内にある燃焼ガスをより多く排気することができ，残留する燃焼ガスは減少する．このように，作動ガスの圧縮性を考慮すると，吸気弁閉時期は下死点を少し過ぎた時期に，排気弁は上死点を少し過ぎた時期に閉じれば吸気と排気の効率が良いことになる．このことを考慮すると，最適の弁時期は図 6.1(b)のようになる．

■ 6.2.2 動弁系の応答性

吸排気弁には質量があり，慣性力がはたらくために，弁の強度からも弁を動かすカムなどに必要な力からも制限がある．実際には，図 6.1(a)，(b)に示したように，加速度が無限大になる矩形波状の変位で弁を動かすことは，強度や必要な力のためにできない．したがって，弁の加速度がある一定レベル以下になるように弁のリフトカーブ（揚程曲線）を設計する．

矩形波的なリフトカーブで弁を動かすことができないため，たとえば吸気弁については図 6.1(b)に示した吸気弁開時期から弁を開き始めたのでは，理想的に弁を開きたい時期に弁の開口面積を十分に確保することができない．ある程度時間をかけて弁を開く場合には，理想的な状態で弁を開きたい時期にはすでに弁が少し開きはじめている必要がある．同じように図 6.1(b)に示したもっとも良い弁の閉時期では，まだ少し弁が開いていて有効な流路面積を確保する必要がある．これらを考慮すると，弁開閉時期は図 6.1(b)に示した時期より早めに開き始め，遅めに閉じる必要がある．このような条件を考慮すると，最適な弁時期は図 6.1(c)のようになる．

■ 6.2.3　作動ガスの慣性力

作動ガスは，気体ではあるが質量をもっているために慣性力が作用する．とくにエンジンの回転数が高く，吸排気管の中の流速が速い場合に慣性力の影響が大きくなる．一般に，慣性力はガスの移動を遅らせる方向に作用するので，この影響を考慮する場合には弁が開いている期間を図 6.1(c)よりさらに広げる必要がある．

吸排気系における流体の慣性力の影響は圧力波の移動を利用して，つぎのようにも説明できる．たとえば，吸気系統については図 6.3 に示すように，吸入開始時にシリンダー内で発生した負圧によって吸気弁付近の吸気管に負圧が発生する．この圧力波が吸気の流れと逆方向に吸気管先端に向かって伝わり，それが吸気管先端の開放端で反射して正の圧力波となって，吸気の流れと同方向に伝播して再びシリンダーに戻ってくる．正の圧力波が弁に戻ってきたときに吸気弁がまだ開いていれば，この正圧分だけ吸気管とシリンダーの圧力差が大きくなり，多くの新気をシリンダー内に送り込むことができる．このような現象を**慣性効果**という．また，このように圧力波を利用した給気方法を**慣性過給**といい，高速型のレース用エンジンなどの過給に利用される．

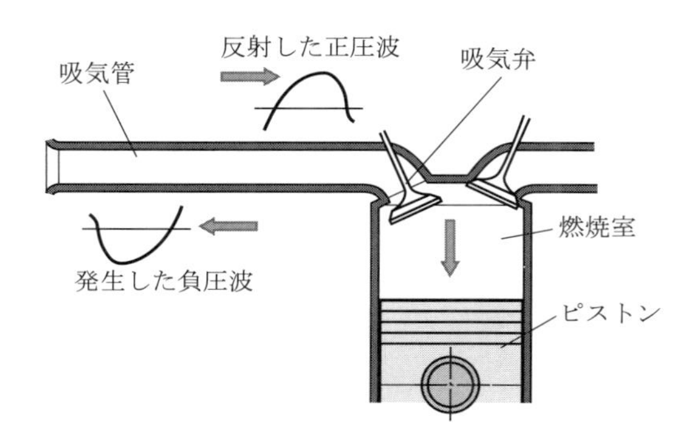

図 6.3　圧力伝播による慣性効果の考え方

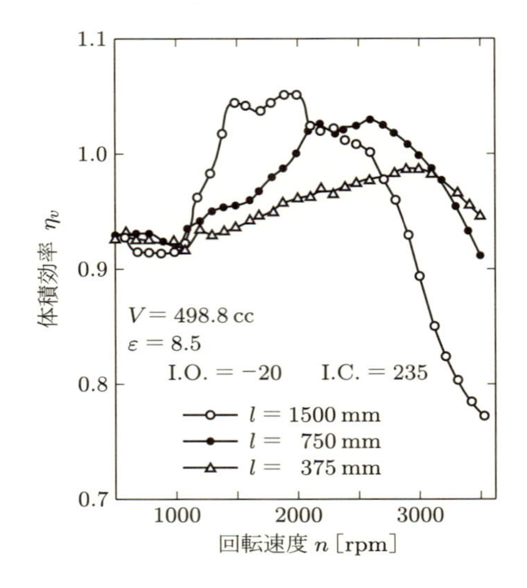

図 6.4 吸気管の長さ l と慣性効果の実験例

ただし，慣性効果は必ずしも吸入新気を増加させるとは限らず，吸入新気を減少させる場合もある．慣性効果とは，新気が減少する場合も含めた慣性による影響全般をさすものである．このような慣性効果を実験的に調査した結果を図 6.4 に示す．これは，試験用のエンジンにおける体積効率（吸入空気の無次元量）と回転速度の関係を吸気管長を変えて実験した結果である．同じエンジンで同じ運転条件であっても，吸気管の長さによって吸入空気量が変わることがわかる．

この慣性効果は，圧力波が吸気管を往復する現象であるから，圧力波が吸気管内を往復する時間と，吸気弁の開いている時間がほぼ等しいときに慣性過給効果が大きく現れる．圧力波の伝播する速度，すなわち音速はほぼ一定であるから，このような過給効果が生じるのは，ある特定の吸気管長と特定の回転数の組み合わせのときに限定される．したがって，慣性効果だけで広範囲に及ぶ回転域や負荷条件で過給効果を期待することはできない．

一つのサイクルで発生した負圧波が同じサイクルに影響するとき，慣性過給とよばれる．しかし，負圧波が正圧波としてシリンダーに戻ってきたときには弁はすでに閉じていることもある．正圧波は弁で閉端の反射をし，さらに吸気管先端で開端の反射をすることを繰り返して，つぎのサイクルにこの圧力波の影響が及ぶことがある．このような場合は，慣性効果と分離して**脈動効果**という．

エンジンの回転速度が中低速の場合や部分出力の運転条件では慣性や脈動の効果は少なく，弁時期の決定は圧縮性の影響と弁そのものの強度，弁の動きの応答性のみを考慮すればよい.

例題 6.1 圧縮性を考慮した場合，エンジンの回転数にかかわらず，つねに吸入空気量が最大となる固定した弁時期があるか，考察しなさい.

［解］ 圧縮性だけを考慮した場合でも，エンジンの回転数によってシリンダー内の圧力経過は変わる．つまり，遅い回転数ではピストンの動きに空気が追従しやすいから，圧力は下死点近くで早く大気圧に近くなり，この時期に吸気弁を閉めると吸入空気は最大となる．もし，この運転条件で下死点を過ぎても長い間吸気弁を開いていると，吸入した新気を吸気管に逆戻りさせることになる．つまり，吸入空気量は少なくなる．また，回転数が早ければシリンダー内の圧力の回復は遅れ，下死点後の遅い角度まで負圧のままになり，弁時期を遅らせたほうが吸入空気量が多くなる．したがって，どのような運転条件でも吸入空気量が最大となる固定した弁時期はない.

Column 弁時期の最適化

実際のエンジンの弁時期は，もっとも利用頻度の高い条件，またはもっともトルクを必要とする条件で最適となるように設定される．従来から，エンジンの設計においては，運転条件によって最適な弁時期があることはわかっていたが，量産エンジンで運転条件によって弁時期を変更するシステムを採用することは，技術的，経済的に不可能と考えられていた．しかし，最近では従来の 2 次元的なカムのプロフィールを 3 次元化し，運転条件によって弁時期を変更できるエンジンが多く現れている．この弁時期の可変機構は，エンジンの出力のためだけでなく，熱効率の改善にも利用することができる.

6.2.4 弁時期線図と弁の重合

弁の開閉時期は新気の吸入と燃焼ガスの排気に影響し，エンジンの出力や熱効率に直接影響する．この開閉時期をわかりやすくするために，図 6.5 に示したように，弁の開閉時期をクランクの回転角に対する円グラフの形で表したものを**弁時期線図**という．4 サイクルエンジンでは前に説明したような理由で，吸気弁は上死点より少し早く開き，排気弁は上死点を少し過ぎても開いている．このため，図 6.5 に示すように，吸排気行程の上死点の付近では吸気弁も排気弁も同時に開いている期間がある．この状態，またはこの期間を**弁の重合（オーバーラップ）**とよぶ．高速型のエンジンでは弁の重合期間を長くする場合が多い．弁の重合期間によって，ガス交換が十分に，また正確に行われるかどうかが決まる．そのため，弁の重合はエンジンの出力，熱効率や排気ガスの成分に大きく影響する.

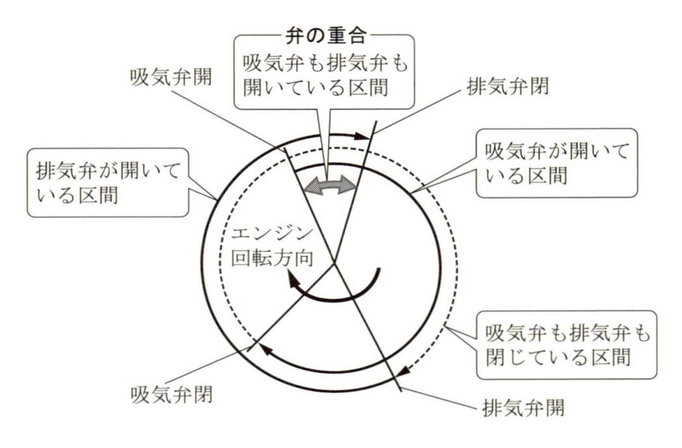

図 6.5 弁時期線図

6.2.5 弁機構

(1) 弁の動作と弁の配置

4サイクルエンジンでは吸排気弁として，きのこ型の弁（ポペット弁）が用いられる．弁はクランクシャフトの2回転に対して1回だけ動くので，クランクシャフトの回転を2分の1に減速したカムシャフトによって弁を動かす．弁を動かす機構としては，弁の位置やカムシャフトの位置によっていくつかの名称がある．芝刈り機や小型の発電機に使用されている小型ガソリンエンジンでは，吸排気弁がシリンダーの横にある側弁式（SV）が多い．オートバイや自動車のガソリンエンジンでは，シリンダーヘッドに弁のある頭上弁（OHV）形式が多い．現在の量産エンジンでは高速化のために，動弁系の運動質量の減少を目的として，カムシャフトをシリンダーヘッドに配置するOHC形式のエンジンが多い．場合によってはさらにカムシャフトを2軸にするDOHC形式のものもある．また，吸排気の流路面積を大きくするために一つのシリンダーに吸排気弁を複数付けることも行われている．

弁の機構がわかりやすい例として，OHC形式の動弁機構を図6.6に示す．弁を動かす力はシリンダーヘッドにあるカムシャフトで与えられる．弁はクランクシャフト2回転で1回の動作であるので，カムシャフトはタイミングベルトなどによってエンジンの回転数を1/2に減速して回転させる．このカムに沿うように運動できるシーソーのようなロッカーアームがある．このロッカーアームの回転軸はカムと反対側の部分が弁を押して弁を動かす．押し下げられた弁は，弁開期間が終わるとバルブスプリングの力によってまた元の位置に戻される．

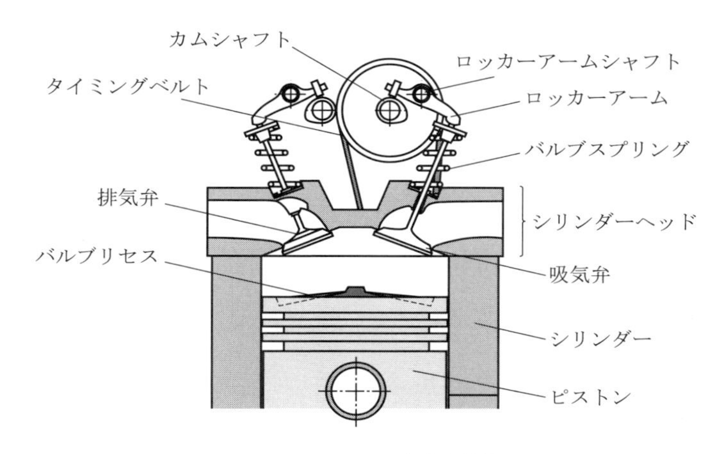

図 **6.6**　OHC 形式動弁機構

(2)　弁の大きさと材質

弁の大きさはガス交換に大きく影響するので，設計上許される限り大きくする．弁部の平均流速は 40〜50 m/s が設計の基準とされており，弁の当り角である弁座の角度は弁軸に対して 45 度または 60 度である．吸気弁の直径は吸入空気量を増加させるために大きく設計される．排気弁は排気行程で高温のガスにさらされるために，熱的な負荷を考慮して吸気弁よりやや小さい直径にされる．弁の材質は一般には炭素鋼で，そのほかに，Ni–Cr 鋼，Si–Cr 鋼などの特殊鋼が用いられ，とくに排気弁には耐熱性を考慮した特殊材料が使用される．また，高出力エンジンでは金属ナトリウムを弁軸に封入し，冷却効果を向上させた弁が用いられる例もある．

(3)　弁の動作とバルブスプリング

弁を開く駆動力はカムによって与えられ，元の位置に戻す力はバルブスプリングによって与えられる．バルブスプリングには炭素鋼線や特殊鋼線が用いられ，高速運動でも十分に弁が戻る強さのものが用いられる．弁ばねの強さは，強すぎると大きな駆動力が必要となり，エネルギーの損失となる．また，軟かすぎると回転速度によって弁のリフトカーブが変わったり，振動現象を起こしたりするので好ましくない．

例題 6.2　1 シリンダーに複数の吸気弁，排気弁を取り付けるエンジンが多い．弁の開口面積に対してどのようなメリットがあるか，説明しなさい．

［解］　同じシリンダー径 D（ボア）で 2 弁式と 4 弁式の面積を計算してみる．なお，シリンダーヘッドは特殊な形ではなく，平たんであるとする．

吸排気弁がそれぞれ一つの 2 弁式の場合に 2 弁が同じ径 d であるとすれば，その直径

の最大値は $D/2$ であり，1 弁あたりの面積 A_1 は

$$A_1 = \frac{\pi}{4}d^2 = \frac{\pi}{4}\frac{D^2}{4}$$

である．吸排気弁がそれぞれ 2 本ある 4 弁式の場合の弁の最大直径を d' とすると，

$$d' = \frac{2}{\sqrt{2}+1}\frac{D}{2}$$

となる．したがって，2 弁あたりの面積 A_2 はつぎのようになる．

$$A_2 = 2 \times \frac{\pi}{4}\left(\frac{2}{\sqrt{2}+1}\right)^2 \frac{D^2}{4}$$

よって，4 弁式と 2 弁式との面積比 R は

$$R = 8(3 - 2\sqrt{2}) = 1.37$$

となり，4 弁の場合は 2 弁の場合に比べて最大で約 1.37 倍の面積が確保できる．

6.2.6 弁時期による吸入空気量とポンプ損失

（1） 弁時期による吸入空気量の変化

回転数によって，最大の吸入空気量が得られる弁時期が異なることはすでに説明した．もし，エンジンの弁時期を運転中にも変更できれば，そのエンジンでどのような運転条件でも吸入空気量を最大にする一番良い条件にすることができる．

弁時期を固定した場合に，圧縮性だけを考慮して低速，中速，高速の回転数で吸入空気量が最大となる弁時期で，回転数を変えたときの吸入空気量の変化の例を図 6.7 の 3 本の破線に示す．もし，運転条件によって弁時期が変えられれば，最大値を与える弁時期はこれらの包絡線であり，図中の実線のようになる．エンジンを運転中でも

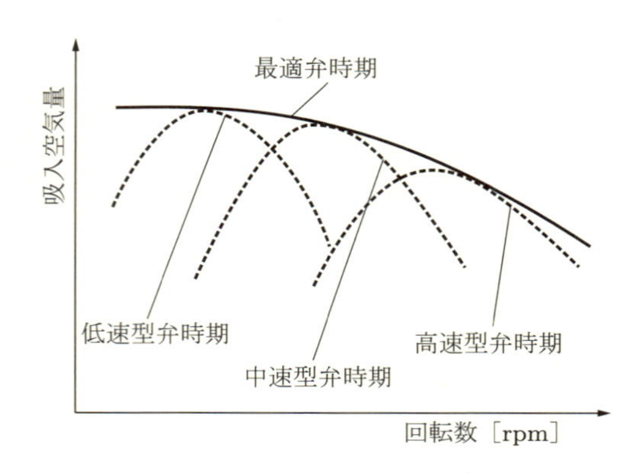

図 6.7 最大吸入空気量となる最適弁時期

弁時期を変更できれば，この図の実線のように，どの運転条件でも，もっとも良い状態で吸入空気量を確保することができる（どの条件でも 100%吸入できるという意味ではない）．この実線は吸入空気量を基準にした最適弁時期を表している．

（2）　弁時期とポンプ損失の関係

エンジンを自動車に使う場合，多くの運転条件は比較的遅い速度で走ったり，信号待ちで停止していたりするような出力が非常に低い条件である．このような条件では出力はあまり必要ないが，エンジンの 4 行程をすべて行わなければ，エンジンは動き続けることができない．吸排気行程では負の仕事である**ポンプ損失**があり，このような出力の少ない条件では図 6.8 に示すようにその損失は大きくなる．

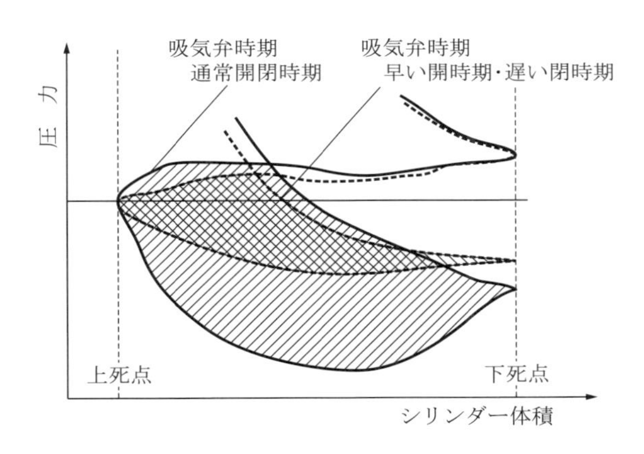

図 **6.8**　ポンプ損失の削減効果

この損失を減らせると，低負荷の運転条件で熱効率が改善でき，かつ安定したアイドリング状態が確保できる．このような考えから，吸気弁が開く時期を早くし，同じく閉じる時期を遅くすると，図 6.8 中の破線のようにポンプ損失を減らすことができる．この考えから低負荷での熱効率を改善する方法がある．

6.3　2サイクルエンジンの掃気と排気

6.3.1　新気の吸入と燃焼ガスの排気

2サイクルエンシジンでは，クランクシャフト 1 回転，つまりピストンの 1 往復の間に，吸入，圧縮，膨張，排気の四つの作業が行われる．シリンダーの下のほうには，吸気用と排気用の穴が開いている．この穴はそれぞれ掃気ポート，排気ポートとよばれる．運動するピストンの位置によって，この穴が開いたり閉じたりすることで弁として機能する．排気は，ピストンが下がっていく膨張行程の後半で排気ポートが開いたときから行われる．エンジン内の燃焼ガスは膨張行程後半のシリンダー内の圧力がまだ高い状態で排気ポートからエンジンの外へ排気される．排気ポートが開いて間もなく掃気ポートが開く．このときにはまだシリンダー内の圧力が高いので，新気は入りにくい．そのために2サイクルエンジンでは掃気ポンプによって新気を加圧して供給する．新気は掃気ポートから加圧されてエンジン内へ供給される．2サイクルエンジンの場合の吸排気は燃焼ガスの排気と新気の吸入がほぼ同時期に行われ，新気が前のサイクルの燃焼ガスを追い出すようなガスの入れ替わりがあるので，**掃気**（scavenging）という用語が使われる．

掃気ポンプとしては，大型のエンジンではエンジン外部に専用の加圧用ポンプを備えている．小型のエンジンでは，クランクケースを利用して加圧する．クランクケースを用いる場合は，ピストンが上昇する時期にはクランクケース内は負圧になる．これを利用して新気を一度クランクケースに吸入する．つぎに，ピストンが下降する時期には，クランクケースの容積は小さくなるために圧力が上がる．加圧された新気は，クランクケースとつながっている掃気ポートからシリンダー内に圧力が高い状態で供給される．

■ 6.3.2 掃気方式

掃気の方法は大きく分けて，横断掃気，ループ掃気，単流掃気がある．

（1） 横断掃気

横断掃気（cross scavenging）（図6.9(a)）はシリンダーの対向する位置に掃気ポートと排気ポートがある．構造が簡単であるために古くから用いられ，シリンダー数の多いエンジンにはシリンダーの対向部分にだけポートがあるので利用しやすい．欠点としては，掃気ポートから入った新気の一部が燃焼せずにそのまま排気ポートから出てしまう，吹き抜けの割合が大きいことである．この対策としてピストンの上に突起（ディフレクター）を設ける．このディフレクターにより，吸入新気の流れの向きを変えて吹き抜けを少なくする．この横断掃気の方式は，新気の一部が燃焼せずにそのまま排出されてしまう欠点やピストンが掃気ポート側に押し付けられて摩擦が大きくなるなどの欠点があるため，現在ではあまり利用されていない．

（2） ループ掃気

ループ掃気（loop scavenging）（図6.9(b)）はシリンダー横断面上の片側に排気ポートと掃気ポートが設けてある．加圧された新気は掃気ポートから噴き出して反対側のシリンダー壁にあたり，シリンダーの上へと方向を変える．このときシリンダーに残った燃焼ガスを排気ポートのほうへ押し出す効果もある．

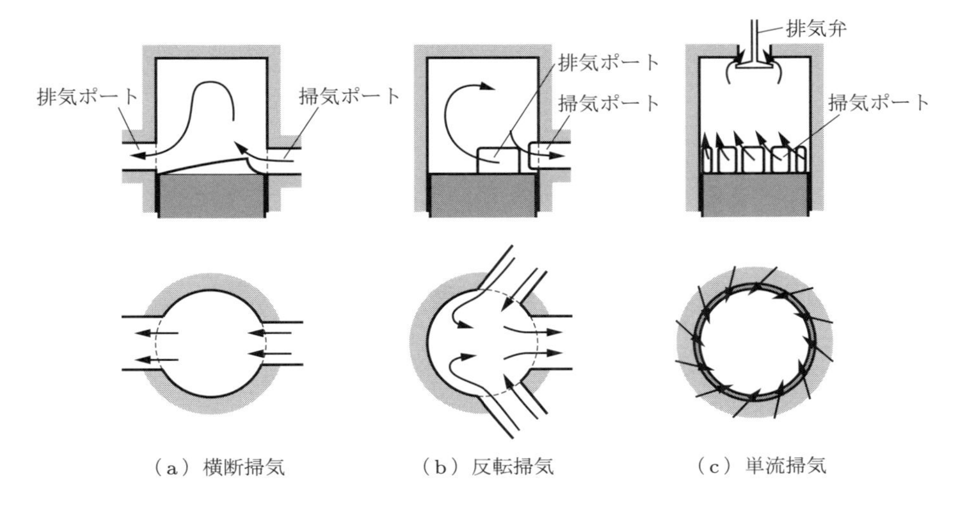

（a）横断掃気　（b）反転掃気　（c）単流掃気

図 **6.9**　2 サイクルエンジンの掃気方式

大型のエンジンでは排気ポートが上段に掃気ポートが下段に全周の 2/3 程度に配置されているが，小型のエンジンでは排気ポートの両側のほぼ同じ高さに 2 箇所の掃気ポートをもつシュニューレ式とよばれるものが多い．ループ掃気は，横断掃気に比べて新気の吹き抜けが少ない利点がある．

（3）　単流掃気

単流掃気（uniflow scavenging）（図 6.9(c)）はシリンダー下部の全周から掃気（新気）を接線方向に噴き込む．燃焼ガスは，シリンダーヘッドに特別に付けた排気弁から排気する．排気ポートによる排気では，弁の開閉に相当する時期が下死点に対して対称であるが，別に排気弁を設けているため，排気弁時期を適切に選ぶことができる．

単流掃気の特徴は，ほかの掃気方法に比べて，新気と燃焼ガスの混合が少なく排気がより十分に行われる点である．しかし，弁機構が必要なため構造が複雑になる欠点がある．このため，2 サイクルエンジンの特徴である，弁機構のない単純さとコンパクト化のメリットは少なくなる．したがって，多くは中・大型のディーゼルエンジンに利用されている．

6.3.3　2 サイクルエンジンの弁時期

2 サイクルエンジンの弁時期は，単流掃気の場合を除いて掃気ポート，排気ポートの位置とピストンの位置で決まるので，図 6.10 示すように，下死点（BDC）に対して対称な時期になる．単流掃気の場合は排気弁が別にあるため，一般には下死点に対

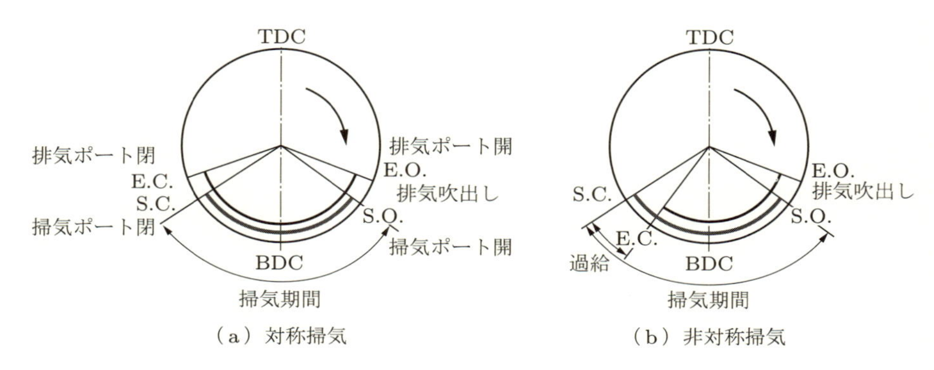

図 6.10 2サイクルのポートタイミング（弁の開閉時期に相当）

して対称ではない．

2サイクル機関のガス交換は，このような掃気という方法で行われるため，同じシリンダー容積で比べると，4サイクル機関に比べて吸入空気量が減少し，残留ガスが増加することが欠点である．

6.4 ガス交換の重要性

ガス交換が十分に行われるかどうかは，エンジンの最大出力や排気ガスの成分などに直接影響するので重要な因子である．

6.4.1 吸気系

（1） ガソリンエンジンの場合

ガソリンエンジンの吸入混合気の量が最大になる条件は，吸気系の形状，弁時期や運転状態によって決まる．普通の運転状態では，空燃比はほぼ一定であるから，吸入空気量と燃料の量とは比例する．つまり，入力エネルギーの量は吸入空気量に比例することになり，機関の出力は吸入空気量によって決まる．

（2） ディーゼルエンジンの場合

ディーゼルエンジンの場合には，吸入される気体は空気のみであり，出力を決める燃料噴射量は吸入空気量とは直接関係しない．しかし，噴射された燃料を完全に燃焼させるためには，酸素を含む吸入空気量が十分確保されている必要がある．また，排気ガス中のすす（PM）の濃さである排気煙濃度は，空気が不足している場合に高くなる．最大出力を出すための燃料の最大噴射量は，この排気煙濃度の規制値で決まるため，吸入空気量がエンジンの最大出力を決定する．

このように，ガソリンエンジン，ディーゼルエンジンとも，最大出力と吸気系の条件とは密接な関係にある．

6.4.2　排気系

残留ガスが多いときには，不活性な燃焼ガスが新気中に多く含まれているので，燃焼速度や燃焼温度が低下する．排気ガス対策のために特別に残留ガスを多くするような場合を除けば，良い燃焼を行うために残留ガスはできるだけ少なくする必要があり，燃焼ガスを十分に排気できるような設計を行う．

以上のように，ガス交換過程は，エンジンの出力や燃焼に直接影響する因子を多く含んでいる重要な過程である．

6.5　過給装置

エンジンの排気量はそのままにして出力を上げる方法として，過給機をエンジンに付ける方法がある．過給機とは，新気を圧縮してより多くの新気を強制的にエンジンに送り込む装置である．過給機は基本的には出力を増大させるための手段であるが，燃焼条件や過給の方法によっては，熱効率の改善につながる場合がある．

6.5.1　過給方法

過給機は駆動する方法によってつぎの二つに分類される．

(1)　機械駆動式過給

機械駆動式過給機（mechanical super charger）は，クランクシャフトの出力の一部を利用して動かす．形式はルーツ式過給機が多い．この過給機は図 6.11 に示すようなまゆ型のロータが回転する容積式のポンプである．過給機はエンジン回転速度の 1.4

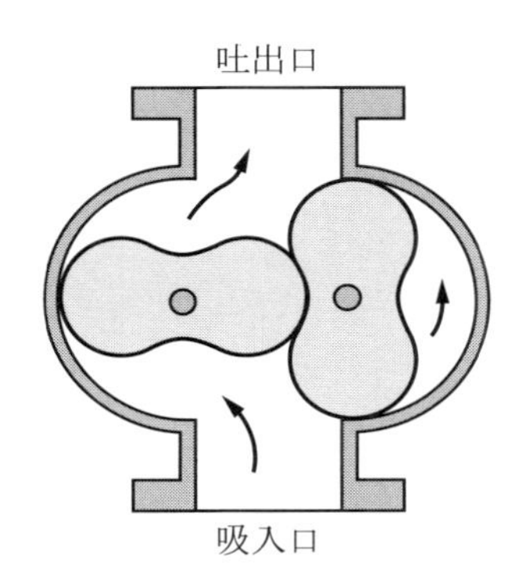

図 6.11　ルーツ型過給機の構造

〜2.0 倍で回転させる．一部のガソリンエンジンおよびディーゼルエンジンの過給に用いられるほか，2 サイクルエンジンの掃気にも利用されている．

機械駆動式の利点はエンジンの回転速度が変化しても，過給する時間遅れがないことにある．しかし，エンジンの出力の一部を動力として使用するため，ある程度の出力の損失は避けられない．

（2） 排気タービン過給

排気タービン過給機（exhaust gas turbo charger）では，排気ガスのエネルギーを空気圧縮機の動力として利用する．図 6.12 に示すように，排気タービンと圧縮機が一体となった構造である．排気エネルギーを利用してタービンを回す．これによって圧縮機は数万から 30 万 rpm で回転し，遠心型の圧縮機で新気を 2.5〜5.0 程度の圧力比まで上げる．従来はディーゼルエンジンに多く利用されていたが，現在では小型のガソリンエンジンにも多く利用されるようになった．

排気タービン過給の利点は，排気エネルギーを利用して過給機を動かすので，軸出力の損失を少なくして出力の増大を図ることができることである．しかし，負荷の変化に対する応答性は，機械駆動式過給に比べて劣るという欠点がある．

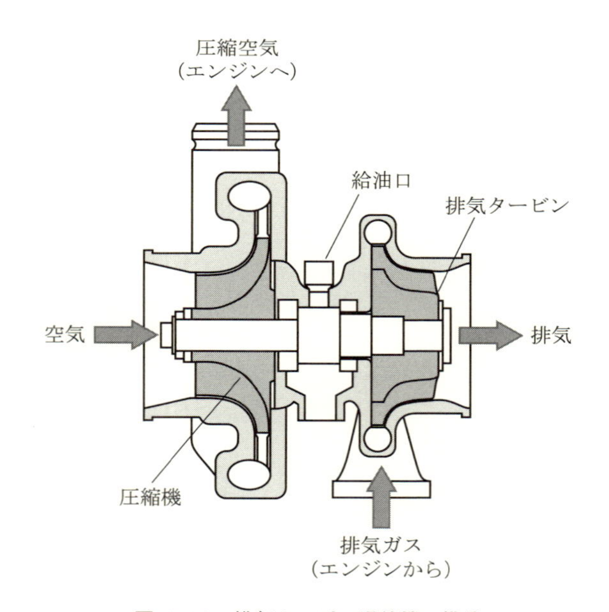

図 6.12　排気タービン過給機の構造

6.5.2 過給機付き機関のサイクル

図 6.13 に一般的な通常負荷の運転条件，低負荷の運転条件と，機械過給を行った場合の高負荷運転の p–V 線図を示す．低負荷運転，通常運転では吸排気行程でいわゆるポンプ損失とよばれる負の仕事の部分ができる．機械駆動式過給機付機関で過給運転を行うと，図(c)に見られるように吸排気行程でも正の仕事をするループが現れることがある．供給される熱量のほかにこの分だけ出力が増加するので，過給機の駆動のために消費される仕事の半分程度が回収される．一方，排気タービン過給では，過給機の抵抗のために排気行程の圧力が増加し，吸排気過程で正の仕事をすることはあまりない．

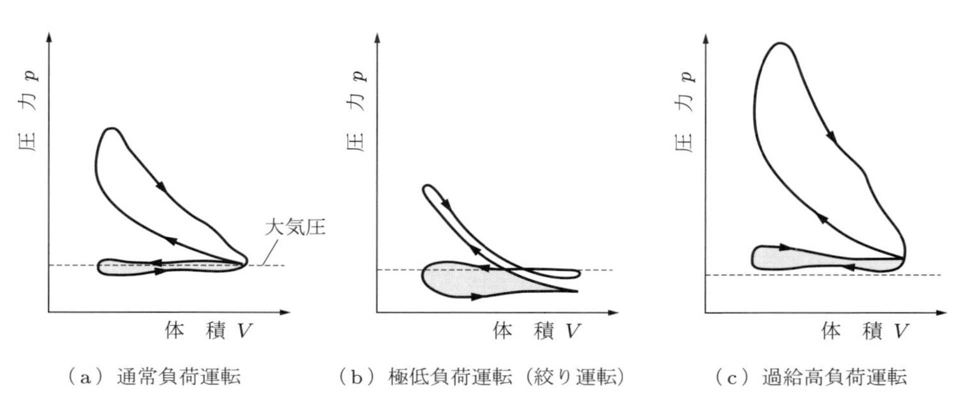

（a）通常負荷運転　（b）極低負荷運転（絞り運転）　（c）過給高負荷運転

図 6.13 出力状態による p–V 線図

Column 過給圧力の限界

過給をすればエンジンの出力は上がる．しかし，過給装置そのものにも圧力を上げる限界はあるから，無制限に供給圧力を上げることはできない．また，過給圧を上げると当然燃焼圧力も上がって，エンジンが構造的に保たない．また，ガソリンエンジンではノックという異常燃焼が起こってエンジンとして機能しなくなる．そのために，一定の圧力以上にはならないように，過給圧を上げすぎないように調整する逃がし弁（ウエイストゲート）が設けられ，過給圧を調整している．

演習問題［6］

6.1 どのようなエンジンでも大気圧から吸入し，大気圧へ排気するエンジンでは必ずある程度の残留ガスが残る．その理由を説明しなさい．

6.2 ガソリンエンジンでもディーゼルエンジンでも吸入空気量は最大出力と密接な関係にあ

る．その理由を説明しなさい．

6.3 2サイクルエンジンでは吸気を加圧して供給する必要がある．その理由を説明しなさい．

6.4 ステップ状の弁運動が可能であるとした場合に，吸入空気量が最大となる弁時期は，どのような運転条件でも吸気弁は上死点で開いて下死点で閉じる時期であると考えてよいか，検討しなさい．

6.5 吸気管内の音速が 300 m/s であるとき，吸気系で慣性過給を行うことのできる吸気管長を求めなさい．ただし，エンジンの回転数は 6000 rpm で，吸気弁開時期は上死点前 20°，吸気弁閉時期は下死点後 50° とする．

6.6 弁の重合は必要であるが，弁重合角が大きすぎるとどのような問題が起こるか考察しなさい．

6.7 高速型のエンジンでは，吸気弁，排気弁を複数個設けるエンジンが多い．この方式の利点と欠点を述べなさい．

6.8 2サイクルエンジンの吸排気機構の利点と欠点を説明しなさい．

6.9 機械駆動式過給と排気タービン過給の利点と欠点を述べなさい．

第7章 ガソリンエンジン

もっとも多く利用されているガソリンエンジンの機構や特徴を知ることは，それを改良して有効利用していくために必要となる．

本章では，ガソリンエンジンにおける燃料と空気の混合の方法，燃焼を開始させる方法やその時期が燃焼に及ぼす影響について説明する．また，正常燃焼および異常燃焼とはどのようなものか，異常燃焼にはどのような対策があるか，燃焼室にはどのような形状があり，それによってどのような影響があるか，などについて学ぶ．

7.1 ガソリンエンジンについて

ガソリンエンジンの名称は，そのほとんどがガソリンを燃料として運転されることに由来する．ガソリンエンジンは，燃焼を火花点火によって開始させるため，**火花点火機関**（spark ignition engine）ともよばれる．

多くのガソリンエンジンでは，燃料は気化器や燃料噴射弁によって吸気管に供給され，燃料のかなりの部分が吸気管内で気化する．4サイクルエンジンでは，ピストンが下がる吸気行程で，燃料と空気の混合気を吸気弁からシリンダー内に吸入する．つぎの圧縮行程ではピストンを上昇させて混合気を圧縮し，圧力と温度を上げる．この上

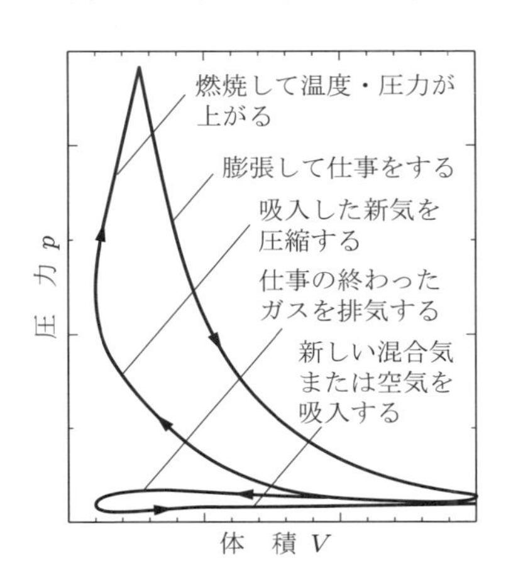

図 7.1　p–V 線図による4サイクルエンジンの動作説明

死点付近における燃焼しやすい状態にした混合気に電気火花で点火する．これによって燃焼が開始され，火炎伝播によって混合気が燃焼していく．このときに発生した燃焼熱が作動ガスの温度と圧力を上げる．その後の膨張行程では，高圧になった燃焼ガスがピストンを押し下げ，熱エネルギーを力学的エネルギーに変換する．排気行程では，仕事の終った膨張したガスをエンジンの外に排気する．以上のプロセスでエンジンが回る．これらの行程での現象を p–V 線図上で説明すると図 7.1 のようになる．

燃料のもつ熱エネルギーを力学的なエネルギーに変換するには，混合気がどのように作られるか，燃焼がどのように開始されるか，燃焼火炎はどのように広がっていくか，などが重要な因子となる．本章ではガソリンエンジンにおける混合気の形成，点火，燃焼などについて詳しく説明する．

7.2 ガソリンエンジンの燃焼

7.2.1 正常燃焼

ガソリンエンジンにおける燃焼は，あらかじめ燃料と空気が十分に混合されている予混合気の燃焼である．燃焼は電気火花によって開始させる．放電によって点火プラグの電極近くには，燃焼開始の基となる高温で化学反応を起こしやすいエネルギーの大きい火炎核ができる．これを**点火**という．この火炎核がある程度の大きさになると，燃焼が周囲に伝播するようになる．予混合気の燃焼はつぎのようにして行われる．すでに燃焼した部分の高温の火炎面の最先端が，それに隣接するまだ燃焼していない予混合気に熱エネルギーを与え，その温度を上昇させる．予混合気が自ら燃焼できる点火温度まで加熱されると，予混合気内で発熱反応が起こり，燃焼する．燃焼した高温の燃焼ガスがさらにその隣の未燃の混合気に熱を与える．この繰り返しが火炎伝播である．

火炎面の先端の速度，つまり火炎の伝播速度を**火炎速度**（flame speed, flame velocity）といい，エンジンにおける正常燃焼では数 10 m/s 程度である．正常燃焼では予混合気の最終端までこのような火炎伝播が行われ，燃焼が終了する．燃焼する期間は，正常燃焼ではクランク角度で上死点前 10° くらいから上死点後 30° くらいまでで，回転数によって大きく変わることはない．

7.2.2 異常燃焼

ガソリンエンジンでは，条件によって**異常燃焼**が発生することがある．異常燃焼とは，たとえば，自動車を運転していて急な坂道を登るときなどに，一時的にカリカリという金属音が聞こえることがある．これは，異常燃焼の**ノック**（火花ノック：spark knock）とよばれる現象である．正常燃焼に比べて燃焼圧力の立ち上がりが早く，また勾配が急で，最高燃焼圧力も高くなり，その後の燃焼圧力に高周波の圧力振動が現れる．これが金属音の原因である．ノックの圧力振動の周波数は，シリンダー直径を波長とする両端閉の管内の気柱振動の周波数に近く，数千 Hz である．正常燃焼および異常燃焼の典型的な圧力線図を図 7.2 に示す．

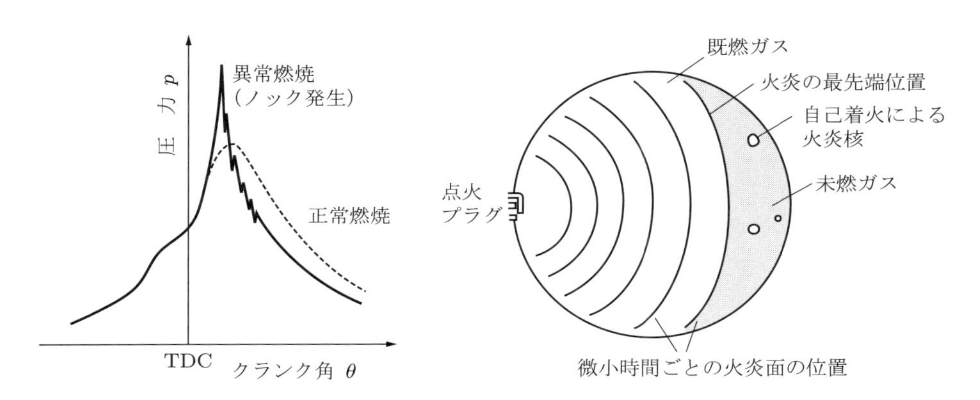

図 7.2 正常燃焼と異常燃焼の圧力線図　**図 7.3** ノックが発生するメカニズムのイメージ

ノックが発生するかどうかは，混合気が自己着火するまでの時間遅れである**着火遅れ**（ignition delay）が大きな因子である．着火遅れは基本的には燃料そのものの性質であるが，混合比や混合気の温度，エンジンの状態にも影響される．

ノックの発生メカニズムは，つぎのように説明できる．燃焼が開始し，火炎が広がると，燃焼によりシリンダー内の圧力が上昇する．シリンダー内の圧力は一様であるから，未燃混合気も圧縮されて圧力と温度が上昇する．燃焼の後半では，圧縮された未燃混合気の温度上昇がさらに大きくなり，図 7.3 に模式的に示したように，条件によっては火炎伝播とは別に，圧縮された未燃混合気（エンドガス）の中で自己着火することがある．自己着火した周辺の予混合気は非常に燃焼しやすい状態になっているので，残りの混合気は短時間で急激に燃焼し，急激な圧力上昇と強い圧力振動が発生する．なお，ノックの発生原因としては，これ以外にもデトネーション説や火炎加速説もあるが，ここに説明した自己着火説が有力である．

圧力振動の少ないトレースノック（trace knock）とよばれる程度の弱いノックであればエンジンの構造や出力に異常が起こることはないが，強いノックでは大きな圧力振動が発生し，これによる騒音の発生や，熱損失の増加，燃焼時期が適切でないことによる出力低下など，多くの問題が起こる．また，ノックによってエンジンの内部に高温の部分ができ，これが点火源になって燃焼が開始する過早着火を起こすことがある．

ノック以外にも，ランブル，サッドなどという種々の異常燃焼があるとされているが，発生する確率はノックに比べて非常に低いので，ここでは省略する．

例題 7.1　ノックの圧力振動の概略の周波数を求めなさい．

［解］　ノックの周波数は，シリンダー内の圧力波がシリンダー直径（ボア）方向で往復する定在波による．仮にシリンダーのボアを 85 mm，燃焼ガスの平均温度を 2000 K とすると，燃焼ガス中の音速 v は約

$$v = 331 \times \sqrt{\frac{2000}{273}} = 896 \text{ [m/s]}$$

となる．ボアを往復する時間 t はつぎのようになる．

$$t = \frac{2 \times 85 \times 10^{-3}}{896} = 0.360 \times 10^{-3} \text{ [s]}$$

よって，周波数 f はつぎのように求められる．

$$f = 2.8 \text{ [kHz]}$$

この結果は，通常ノックの周波数といわれている 2〜6 kHz の範囲にある．

■ 7.2.3　燃焼状態の評価

異常燃焼でなければ，燃焼する速度は早いほうがエンジンの出力は大きくなり，熱効率も良くなる．この燃焼する速さを燃焼速度といい，燃焼の状態を評価する重要な要素である．

実験で観測できる通常の火炎の移動速度は，**火炎速度**とよばれる．これは，燃焼の活発さを直接表す指標ではない．たとえば，定常的な火炎である安定したバーナー火炎を観察すると，火炎位置は静止しているから，観測者から見た火炎速度は 0 である．しかし，燃焼は継続的に行われているから，燃焼していないわけではない．このことから，火炎速度は燃焼の活性度を表す指標にはならないことがわかる．燃焼性を直接表す指標は**燃焼速度**（burning velocity）とよばれる．燃焼速度は，未燃ガスに対する火炎面の相対速度として定義される．シリンダーの中での火炎速度は，燃焼速度と燃焼によって温度が上昇した燃焼ガスの膨張速度の和となる．シリンダー内の時々刻々の熱発生量（燃焼する量）は，燃焼速度と火炎面の面積の積に対応し，火炎速度には対応しない．

燃焼速度に影響を与える大きな因子は，混合比，混合気温度とガス流動である．

■ 7.2.4　混合気の形成

ガソリンエンジンの燃料の供給方法は一部のエンジンではシリンダー内に直接燃料を噴射するものもあるが，ほとんどの場合はシリンダーに近い吸気管に燃料を供給し，ここで燃料と空気を混合してエンジンに吸入させる．燃料の供給装置には，気化器方式と燃料噴射方式がある．

（1）　気化器の役割と構造

気化器の基本的な構造を図 7.4 に示す．

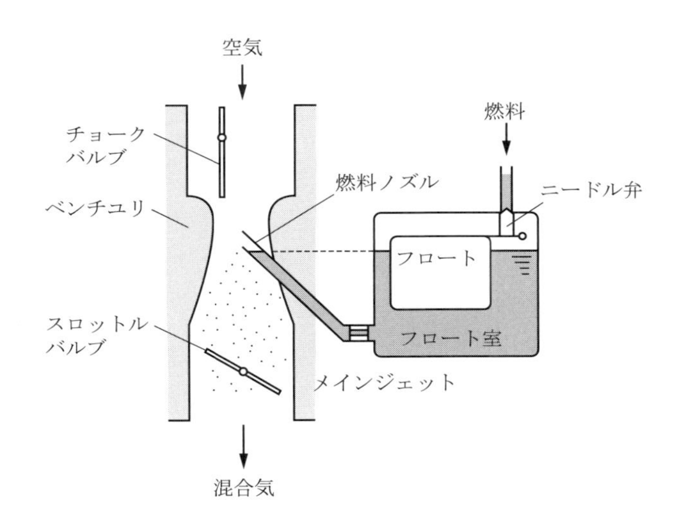

図 **7.4**　気化器の構造

（a）　気化器の役割　　気化器の役割は，①空気と燃料の流量が一定の割合になるように，空気の流量に比例するように燃料を供給すること，②燃料を小さい粒子にし，蒸発しやすくして，空気との混合を促進させること，③気化とは直接関係ないが，混合気の流量，つまり，出力を調整する弁があること（通常，気化器に一体化されている），である．エンジンをできるだけ安定して運転するためには燃料と空気の割合，つまり，混合比が一定で燃焼しやすい条件になっていることが重要である．

（b）　気化器の構造と機能　　気化器のもっとも重要な機能は，空気流量が変化しても空燃比を一定に保つことである．この目的はつぎのような構造で可能になる．燃料の流量がエンジンの吸入する空気量に比例するように，吸入空気量，つまり空気の流速に影響される因子を利用する．気化器の内部に空気の流路を絞ったベンチュリを設ける．空気の流量はここに生じた負圧と対応しているので，この負圧を利用して燃料を吸い出して微小液滴とする．混合比を安定させるためには，ベンチュリ内部の燃料出口の部分の位置（圧力）と燃料の基準圧力（燃料を溜めてあるところの液面の位置）の圧力差が安定している必要がある．基準となる燃料の液面を一定に保つために，気化器には，燃料を一時的に蓄えておく浮子（フロート）を備えたフロート室が設けられている．フロートの役目は，燃料が使用されて少なくなると，フロートが下がり，これに付いている燃料供給弁が開き，規定の位置まで燃料が補充されると，この弁が閉じて燃料が止まり，液面の位置を一定に保つことである．

エンジンの出力を大きくする場合には，吸入する混合気を多くする必要がある．この条件ではベンチュリ部の空気流速が早くなるから，その部分の負圧が増加し，燃料ノズルから吸い出される燃料の量も多くなり，適正な混合比が保たれる．

エンジンの出力は，気化器に取り付けられている**絞り弁**（**スロットルバルブ**）で混合気の量を変えることによって制御する．また，エンジンを始動するときや外気の温度が低い場合には，燃料の気化が悪いために，一時的に燃料の割合を増加させ，燃料の蒸発が悪くても実際にエンジンに吸入される混合気の空燃比を燃焼しやすい状態に保つための調整弁であるチョークバルブも設けられている．

例題 7.2 気化器の構造から，空気流量と燃料流量の割合，つまり空燃比がほぼ一定になることを証明しなさい．

［解］ 空気の流れによるベンチュリ部の圧力降下を Δp_a，空気の流速と密度をそれぞれ v_a，ρ_a とすると，ベルヌーイの定理によって

$$\Delta p_a = \frac{1}{2}\rho_a {v_a}^2 \tag{7.1}$$

の関係があるから，ベンチュリ部の流速は

$$v_a = \sqrt{\frac{2}{\rho_a}\Delta p_a} \tag{7.2}$$

となる．したがって，ベンチュリ部の流路断面積を A_a，流量係数を C_a とすると，空気流量 G_a は次式のようになる．

$$G_a = C_a A_a \rho_a \sqrt{\frac{2}{\rho_a}\Delta p_a} = C_a A_a \sqrt{2\rho_a \Delta p_a} \tag{7.3}$$

一方，燃料の流量について考えると，ノズル出口の高さとフロート室の燃料液面（大気圧）との位置の差を h（実際にはこの高さの差，つまり圧力差は図 7.4 でわかるように非常に小さい），燃料の密度を ρ_f とすると，燃料に作用する差圧はベンチュリ部で発生した圧力より圧力 $\rho_f \cdot h$ 分だけ小さくなる．これを Δp_f とすると，空気の場合と同様に燃料流量 G_f は

$$G_f = C_f A_f \sqrt{2\rho_f(\Delta p_a - \Delta p_f)} \tag{7.4}$$

となる．ここで，C_f，A_f は燃料ノズルの流量係数と断面積である．

したがって，空燃比 A/F は次式で与えられる．

$$\frac{A}{F} = \frac{C_a A_a \sqrt{2\rho_a \Delta p_a}}{C_f A_f \sqrt{2\rho_f(\Delta p_a - \Delta p_f)}} \tag{7.5}$$

流れによるベンチュリ部の圧力降下 Δp_a は，燃料液面とノズル位置との差圧 Δp_f に比べて十分大きいので，$\Delta p_a \gg \Delta p_f$ としてよい．この条件から，

$$\frac{A}{F} = \frac{C_a A_a \sqrt{\rho_a}}{C_f A_f \sqrt{\rho_f}} \tag{7.6}$$

となる．ここで，C_a，C_f，A_a，A_f，ρ_a，ρ_f は面積などの値でそれぞれ一定であるから，空燃比 A/F もほぼ一定となる．

実際の気化器では，エンジンの運転条件に対して複雑な制御が必要となるため，多くの補助機構が付けられている．たとえば，燃料の霧化を促進するために，燃料の出口付近に空気を混入するエアーブリード装置がある．また，加速する場合に燃料の応答遅れを補うために，微量の燃料を強制的に押し出す加速ポンプも設置されている．

そのほか，低速運転から高速運転まで，気化器における流動抵抗をあまり増加させないようにするために低速用と高速用の二つの気化器を一体化し，低速時には低速用の気化器のみを，高速時には低速用と高速用の両方を使用できるようにした流路が二つある双胴式の気化器が一般的に用いられる．

現在では燃料噴射装置よりやや安価であるため，小型ガソリンエンジンや汎用ガソリンエンジンでは気化器が多く利用されている．

(2) 燃料噴射の役割と構造

電子技術の発達と電子部品の信頼性の向上により，エンジンにも多くの電子機器が利用されるようになった．電気制御による燃料噴射装置もその一例である．

燃料噴射系は図 7.5 に示すようなシステムになっている．燃料タンクから出た燃料は図 7.6 に示すような燃料ポンプで数気圧に加圧され，図 7.7 に示すような，吸気管に取り付けられた燃料噴射弁に導かれる．この噴射弁は電気的に開閉され，運転条件に合った適切な量の燃料が吸気管に噴射される．自動車に利用されている燃料噴射装置では，燃料噴射量は主として吸入空気流路にある空気流量を検出する装置の信号によって制御される．空気流量以外にも，大気圧力，大気温度，エンジン温度，回転数，点火時期，負荷などが燃料流量を制御する装置の入力として使用される．

燃料噴射弁は多くの場合，各シリンダーの吸気管ごとに設けられるので，シリンダー

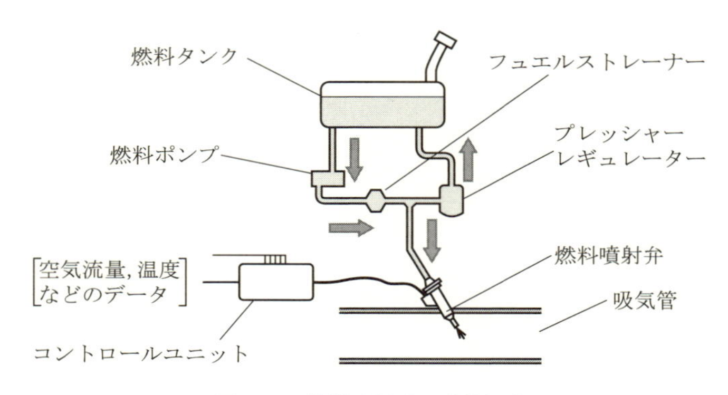

図 7.5 燃料噴射系の系統概略

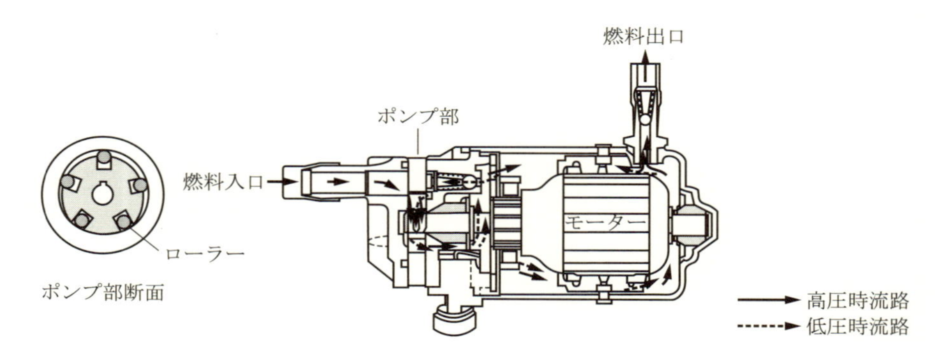

図 7.6 燃料噴射ポンプの構造

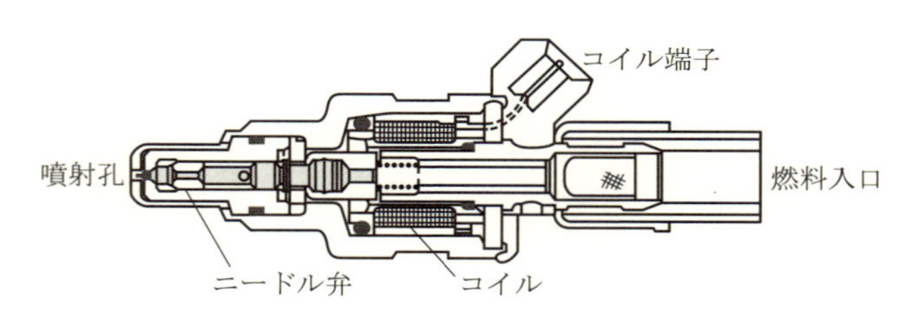

図 7.7 燃料噴射弁の構造

ごとに同じ混合比の混合気が送られ，エンジンの回転がなめらかになる．また負荷条件の変化にもすぐに応答できるため，燃焼の安定性や応答性は燃料噴射方式のほうが気化器方式より優れている．

7.3 点火装置

ガソリンエンジンでは，電気火花によって燃焼を開始させる．電気火花を利用することによって，エンジンにおける燃焼がもっとも良く，出力が大きくなる時期に燃焼を開始させることができる.

7.3.1 点火装置の構成と火花発生の原理

点火装置（ignition system）は，適切なクランク角度でシリンダー内の混合気に点火する装置で，基本となる装置の概要を図 7.8 に示す．電気火花の電源には直流電源（バッテリー）が多く用いられる.

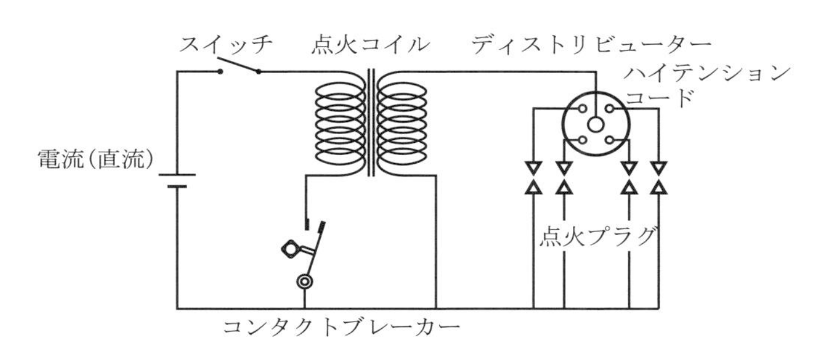

図 7.8 点火装置の構成

点火装置の主な構成部品は，点火する時期を決めるコンタクトブレーカー（ポイント)，低電圧を高電圧に変える点火コイル，エンジン内で火花をとばす点火プラグである．これ以外にも点火時期を適切な時期になるように制御したり，多気筒エンジンの場合に各シリンダーへ高圧の電気を配分するディストリビューター，点火コイルから点火プラグへ高圧の電気を導くハイテンションコードなどがある．直流電源は，バッテリーのほかに，バイクや汎用エンジンなどではマグネトーとよばれるエンジンが回転しているときの発電機の出力を用いる場合もある.

(a) コンタクトブレーカー（contact breaker）　エンジンに点火したい時期に火花を飛ばすために，その時期に点火コイルの 1 次側の電流を一時的に変化させる装置である．点火したい時期はエンジンの回転角度で決められ，通常は上死点前 20° から 30° 程度である．4 サイクルエンジンではクランクシャフト 2 回転に 1 回の燃焼になるから，クランクシャフトの回転を 1/2 に落とした軸で電気接点（コンタクトブレーカー）を動かす．この接点には大きな電流が流れ，また高速では機械的な動作が不安定になることもあるため，主な電流の変化はトランジスタに置き換えたり，点火時期を電気的または磁気的に検出して機械的な接点をなくした方式も多く用いられている.

（b）　点火コイル（ignition coil）　　低電圧の1次側と高電圧の2次側に銅線を同じ鉄芯などの誘電体に巻いたもので，1次側の電流変化によって2次側に1万5千ボルト以上の高電圧を発生させる．直流では2次側に高電圧は発生しないが，上に述べたコンタクトブレーカーで電流変化を起こして，電磁誘導によって2次側に高電圧を発生させる．

（c）　点火プラグ（spark plug）　　図7.9に示すような構造で，先端がエンジンの中にわずかに突き出ている．点火コイルで発生した高圧の電気は点火プラグに導かれ，その先端で放電する．これで燃焼が始まる火炎核を作る．点火プラグには通常＋だけのコードが配線されるが，－側はエンジン本体で，バッテリーのマイナス側につながっている．

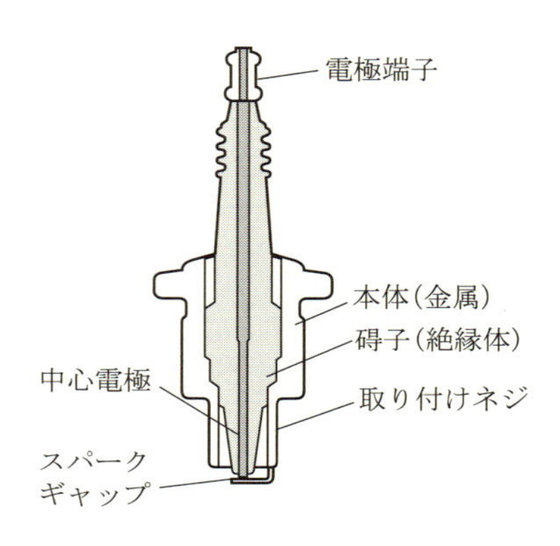

図 7.9　点火プラグの構造

点火プラグは燃焼ガスの高温にさらされるので，耐熱性の構造になっている．導通用の中心電極のまわりにはセラミックスが詰められ，周囲（マイナス）と絶縁され，かつ高温にも耐えられる構造になっている．燃焼によって点火プラグの温度が高くなりすぎると，火花点火しなくてもそこから燃焼が始まってしまうことがある．また，温度が低くなりすぎると，燃料や潤滑油などの沸点の高い油で汚れて放電エネルギーが下がる．そのため，点火プラグは適切な温度に保たれている必要があり，高い熱負荷で利用することが多い場合は冷却されやすいものが，熱負荷が小さい条件での使用が多い場合には冷えにくいものが使用される．また，点火プラグの放電電極の間は通常0.7～1 mm 程度である．

（d）　その他　　**ディストリビューター**は多気筒エンジンで用いられるもので，点火コイルからの高電圧を点火順序に従ってそれぞれのシリンダーの点火プラグに配分する．最近のエンジンではシリンダーごとに点火装置を備えたものもある．また，運転条件によって点火する時期を変える必要があり，コンタクトブレーカーまたはそれに代わる点火時期を検出する角度センサーもここに設置されることが多い．

7.3.2 点火火花

燃焼を開始させる点火火花のエネルギーには，コンデンサーによる容量成分と，コイルによる誘導成分がある．点火プラグにはまず容量火花が飛ぶ．電気回路としてコンデンサーがない場合でも，高圧用の配線などが電気容量となり，容量火花となる．つづいて，コイルに蓄えられた電気エネルギーによって誘導火花が飛ぶ．容量火花の放電時間は 1 μs 程度でごく短時間であるが，混合気の点火開始に必要なエネルギーはこの容量火花が与えるとされている．つづく誘導火花の時間は 1 ms 程度で，容量火花でできた火炎核を保温し，燃焼が開始できるようにする役目がある．全体の放電エネルギーの 10%程度が容量火花で，残りの 90%が誘導火花である．このように，電気火花には 2 種類の要素があり，合成火花とよばれる．

7.3.3 点火時期

混合気の燃焼を開始させる**点火時期**（ignition timing）は，エンジンの出力や排気ガスの成分に影響するので，重要な因子である．

混合気の燃焼速度は混合気の組成（空燃比や残留ガスの量）と状態量（温度，圧力）とガス流動の状態に大きく影響される．したがって，運転条件が異なる場合にはそれぞれの条件でもっとも良い時期に点火する必要がある．混合比が理論混合比からはずれる場合や，混合気の中に燃焼ガスが多く含まれる条件では燃焼速度は遅く，点火時期を早くする必要がある．混合気の温度が高い場合には燃焼速度は速く，点火時期を遅らせたほうがよい．

自動車やオートバイに用いられるエンジンで使用する回転速度は，低速から高速まで利用範囲が広い．1 サイクルの時間はエンジンの回転数に逆比例するから，仮に燃焼速度が一定であれば，高速になればなるほど点火時期を比例的に早くしないと，燃焼が適正な時期に行われないことになる．

エンジンは燃焼に対してもこの点でもうまくできている．回転数が早くなると，吸入する混合気の流速が速くなることによって，燃焼速度が速くなる．その増加分は回転数には比例はしないが，かなり速くなる．ある実験例では回転数が 2 倍になると燃焼速度は 1.8 倍程度に上がるため，回転数を速くした場合でも点火時期はクランク角でわずかに早くしてやればよい．

点火時期による圧力の経過は，図 7.10 に示すように，点火時期が早すぎる場合は，

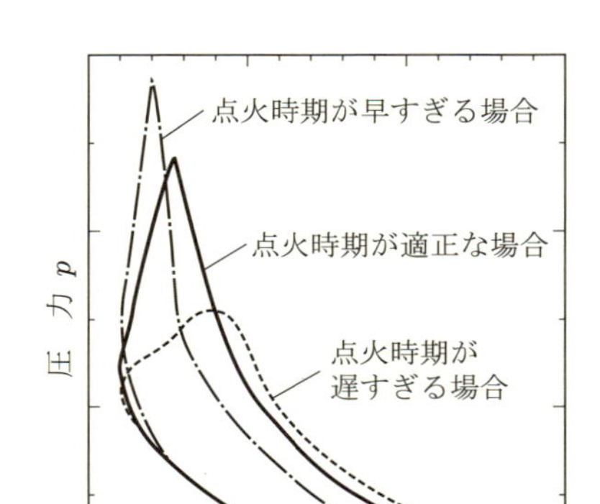

図 7.10　点火時期による圧力線図の変化

一見圧力上昇が大きく，出力が大きくなったかのように見えるが，上死点前の圧縮行程での圧力上昇は負の仕事であり，p–V 線図を書いてみるとわかるように，仕事としては増加しない．また，点火時期が遅すぎると，燃焼が膨張行程後半まで続き，燃焼ガスが十分な仕事をしないうちに排気弁から排気され，出力も熱効率も下がる．

7.3.4　点火エネルギーと消炎

燃焼は，点火火花による高エネルギーの火炎核ができることから始まる．火炎核ができるには一定以上の点火エネルギーが必要であり，これを最小点火エネルギーという．静止した理論混合比の混合気の最小点火エネルギーは，炭化水素系の燃料では大きな差がなく，0.2～0.3 mJ 程度である．

火花を飛ばす放電間隙を狭くしていくと，混合比が適正であり，十分に大きな点火エネルギーを与えても燃焼が開始しなくなる距離がある．これを**消炎距離**といい，この現象を**消炎**とよぶ．消炎距離は燃料の種類と混合比などによって決まる．消炎は点火火花の熱エネルギーが点火電極に奪われ，混合気に十分伝わらず，火炎核が形成されないことによる．また，消炎という現象はシリンダーの壁に非常に近い部分でも起こり，これが排気ガス中の未燃炭化水素の発生に影響している．

7.4　ノックの対策

ガソリンエンジンの熱効率を上げる有効な手段として，エンジンの圧縮比を上げる方法がある．しかし，圧縮比を上げると，ノックが起こりやすい．ノックを起こさせない対策としては，エンジン燃焼室の形状の変更によるものと，燃料によるものがある．

7.4.1 エンジンの燃焼室の形状や点火時期などによる対策

ノックは圧縮比を上げると発生すること，燃焼速度が遅いと発生しやすいことを考慮して，エンジンの燃焼室の形状や点火時期を変更するなど，いろいろな対策がある．

（1） 燃焼室の形状

ノックの発生メカニズムは，7.2.2 項の異常燃焼の項目で説明した．その発生原因から考えると，燃焼の後半に起こる未燃ガスで自己着火しないようにすることが対策になる．一つの方法は，自己着火が起こる前に燃焼を完了させることである．具体的には，燃焼室の中央に点火プラグを配置して，実際の燃焼距離である点火プラグから燃焼が終了する周辺までの距離を短くして，異常燃焼が起こる前に燃焼を完了させる．

また，燃焼を早く完了させるとノックが起こりにくい．このために，ガス流動を利用して燃焼速度を上げる方法も効果がある．

同じ燃料，同じ混合比であっても，燃焼室の形状によって耐ノック性は変わる．エンジンの形状によって変わる耐ノック性をメカニカル・オクタン価という．この数字が小さいほど燃焼室形状の耐ノック性が高い．従来の研究によれば，圧縮比 9 のエンジンにおいて，燃焼室の形状が単純な円筒形の燃焼室ではノックを起こさない場合の燃料のオクタン価が 95 であったのに対し，図 7.11（b）に示すように点火プラグ近くに燃焼室をコンパクトに集中させると，燃料のオクタン価が 73 でもノックは起こらないという研究結果がある．

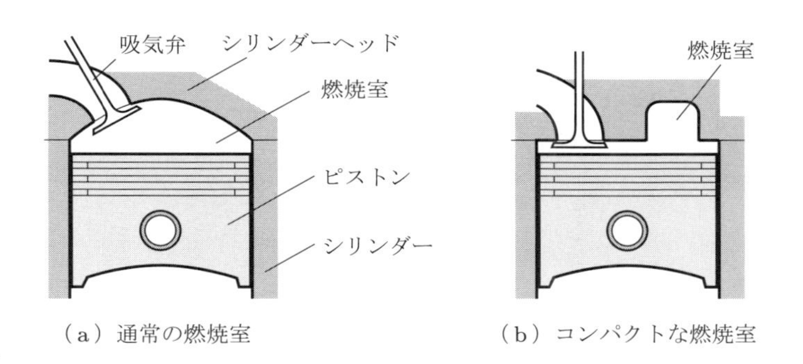

（a）通常の燃焼室　（b）コンパクトな燃焼室

図 **7.11** ノック対策をした燃焼室の例

このように，燃焼速度の向上や燃焼室形状の工夫でノックの可能性を低くすることができる．

（2） 燃焼室の材質と冷却効果

燃焼室によるノックの対策としては，燃焼後半の圧縮された未燃ガスの温度が自己着火温度以上にならないように冷却することも効果的である．未燃ガスの温度を上げないためには，冷却方法を改善したり，アルミニウムなどの熱伝導率の大きい材質を用いてエンジンの内壁温度を下げること，表面積体積比を大きくして伝熱量を増加させることが効果がある（ただし，熱効率に対してはマイナスの影響となる）．

（3）　混合比

混合比についてはエンジンが最大出力となる理論混合比付近がもっとも燃焼しやすいのでノックが起こりやすい．しかし，希薄混合気でも発生するので，混合比の制御だけでノックを避けることは困難である．

（4）　点火時期

ノックは燃焼後半の未燃ガスの圧縮によって起こる．つまり，燃焼の最高圧力を下げれば，ノックの可能性は低くなる．一時的にノックを避けるためには，点火時期を遅らせる対策が有効である．この方法は比較的簡単に行え，かつその効果は大きい．ただし，熱効率や出力には悪い影響となるので，一時的な対応にしかならない．

（5）　吸入状態

吸入温度が高い場合，吸入圧力が高い場合，空気量が多い場合は，圧縮後の混合気の温度が高くなるため，ノックが起こりやすい．これらを下げることがノックの対策になるが，いずれも出力が下がるので，この方法による対策は難しい．

（6）　圧縮比

圧縮比を上げると，燃焼後半の未燃ガス温度も上がりやすいので自己着火を起こしやすい．これがノックとなるので，ノック対策としては圧縮比を下げる方法がある．しかし，圧縮比を下げる対策は熱効率を下げてしまうため，一般には用いられていない．

■ 7.4.2　燃料による対策

燃料としてのノック対策でもっとも重要なことは，混合気が燃焼できる条件が揃ってから実際に燃焼が始まるまでの**着火遅れ**期間の長い燃料を使用することである．

混合気の着火遅れは，基本的には燃料の特性値である．炭化水素燃料については，一般的には分子構造が簡単である場合，炭素数が多い場合，分子構造の鎖が長い場合に耐ノック性が高い．

燃料に耐ノック性を向上させる添加剤を使用する方法もあり，非常に効果が高いものもあった．その一つが四エチル鉛である．これは，猛毒であること，排気ガスを浄化する触媒に悪影響があることから現在では使用できない．現在ではオクタン価の高い成分の燃料をブレンドしてハイオクタンガソリンとして使用している．燃料による対策は，エンジン設計時の対策にはなるが，実用上は使用条件によって燃料を変えることはしないので使用時の対策にはならない．

7.5 ガソリンエンジンの燃焼室

燃焼室の形状はエンジンの出力，熱効率，排気ガスに関連するため，つぎの項目を考慮して設計される．

・いろいろな条件で正常燃焼が可能であること
・熱効率からは冷却面積が少ないこと
・吸排気弁の面積が大きくとれること
・有害排気ガスの中でとくに炭化水素の排出が少ないこと
・ノックが起こりにくい形状であること
・弁の機構が簡単であること

これらは相反する条件もあり，何に重点をおいて設計をするかによって燃焼室の設計基準も変わる．

7.5.1 燃焼室形状とバルブ配置

4 サイクルエンジンの燃焼室の形状を図 7.12 に示す．自動車やオートバイ用のエンジンの中でも多く利用されている，吸排気弁がシリンダーヘッドにある頭上弁（OHV）式の燃焼室形状は，ウェッジ型（くさび型：wedge type），半球型（hemisphere type），ペントルーフ型（pent roof type）などが主として用いられている．小型の発電機などに用いられるエンジンでは，弁がシリンダーの脇にある側弁（サイドバルブ，SV）式である．

ウェッジ型では，ピストンとシリンダーヘッドの空間が場所によって異なるため，ピストンが圧縮上死点に近づいたときに狭い空間のほうから広い空間のほうへガス流動が発生する．この流れを**スキッシュ流**といい，圧縮後期に強い混合気の乱れを作ることができる．半球形の燃焼室では吸排気弁の面積を大きくとることができ，点火プ

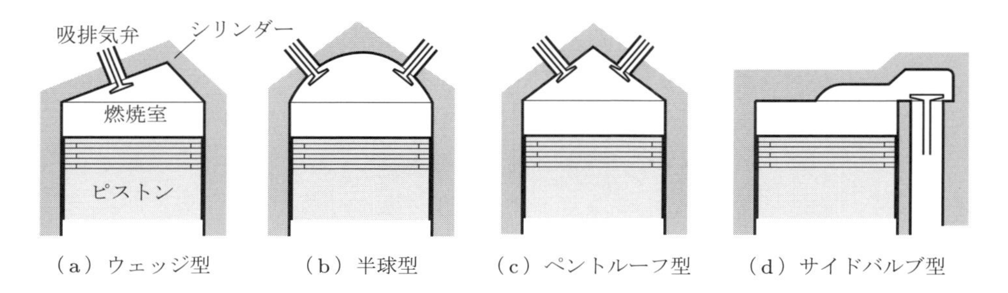

図 7.12　4 サイクルガソリンエンジンの燃焼室の形状

ラグを燃焼室中心に設けることができるメリットがある．ペントルーフ型の燃焼室も球形燃焼室とあまり変わらない．サイドバルブ型は燃焼室としてのメリットはないが，弁を動かす機構がシリンダー本体側にあるため，シリンダーヘッドは非常に簡単な構造になり，点火プラグが付いているだけで，製作が簡単であることと価格の面で有利である．ただし，燃焼室とは離れた場所に弁が動く空間が必要となり，圧縮比は上げられないために熱効率は悪い．

7.5.2 ポート形状とガス流動

エンジンの燃焼室は，燃焼が活発に行われるように吸気の流れを積極的に利用するように設計される．ガソリンエンジンでは混合気のガス流動はほとんどが吸入行程で作られるため，吸気の入り口の管路であるポート形状が重要となる．

吸気ポートの方向はシリンダー軸の中心から外してシリンダー周辺に向け，接線方向の流れを発生させる．このようにしてできるピストンの上面と平行な平面での流れを**スワール**（swirl）とよぶ．これとは別にシリンダー軸方向に流れを作る方法もあり，これはスワールと区別して**タンブル**（tumble）とよぶ．スワールとタンブルのイメージを図7.13に示す．いずれもガス流動を積極的に利用して燃焼を活発化させる目的に利用される．

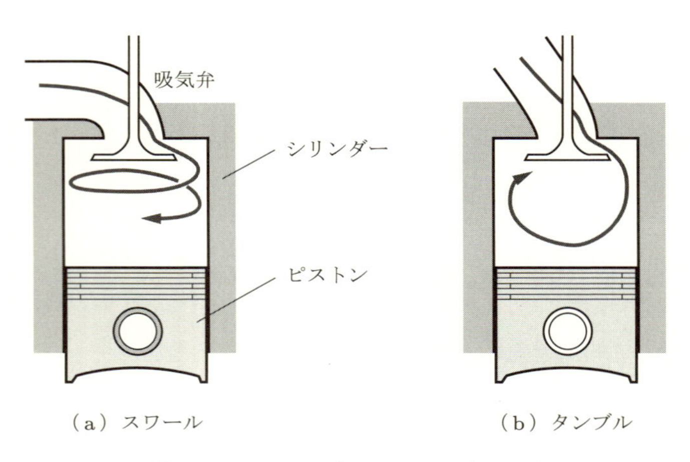

図 7.13 スワールとタンブルのイメージ

Column スワールとタンブル

エンジン内の大きなガス流動にはスワールとタンブルがある．スワールは水平面での流れ，タンブルは垂直面での流れである．どちらもエンジンの吸入行程で作られる．ガソリンエンジンでもディーゼルエンジンでもエンジン内のガス流動は燃焼に大きな影響を与えるため，ガス流動を積極的に利用する．

どちらが燃焼に効果的であるかは，明確ではない．実際に燃焼に影響するのは流れの変動成分である乱れ強さであるといわれており，スワールまたはタンブルがどのように乱れを作るか，ということによる．

なお，エンジン内の流れには，燃焼室の形状やピストン最上部の形状と，ピストンの動きによって発生するスキッシュ流もあり，これも燃焼に活用される．

7.6 熱効率の向上

7.6.1 希薄燃焼

熱効率の向上のための手段として，**希薄燃焼**（lean combustion）が一部で採用されている．希薄燃焼で熱効率が上がる理由は，2.1 節で学んだ．希薄燃焼の効果を上げるためには，混合気の物性値（比熱）をできるだけ空気に近づける必要があり，平均的な混合比をかなり薄くしなければならない．一方，燃焼を開始させる部分では着火できる適切な混合気濃度になっている必要がある．これは一般的なガソリンエンジンでは均一な予混合気であるのに対して，希薄燃焼ではシリンダー内に不均一な混合気を作ることが必要になる．その一つとして，シリンダー内へ直接燃料を噴射する方法がある．また，運転条件が変わっても点火時期に特定の場所，すなわち点火プラグ付近に適切な濃度の混合気を作る必要がある．ただし，比較的低出力の条件では可能であるが，すべての運転条件で希薄燃焼を達成するのは非常に困難である．

このような目的のために，図 7.14(a)，(b)に示した例のように，ピストンにくぼ

（a）　（b）

図 7.14　希薄燃焼用のピストン

みを付け，燃焼室の一部分に燃焼しやすい混合気を滞留させる方策がとられている．また，実際に自動車に使用した場合の効果は低負荷では希薄燃焼で効率が良い．出力が小さい場合は熱効率は高いが，高出力の条件では通常のエンジンより効率がやや悪く，すべての使用条件で熱効率の向上にはなっていない．

7.6.2 高圧縮比による高効率化

熱効率を上げるもっとも効果的で有効な方法は，圧縮比を上げることであることはすでに第2章で説明した．しかし，この方法にも問題があり，圧縮比を上げるとノックが起こり，これを避けることは難しい．

ノックの対策としては，燃料による対応もあるが，エンジン本体での工夫でできるだけノックを回避し，圧縮比を従来より上げて熱効率を上げる方法が一部で実用化されている．この熱効率向上の考え方は，追加的な装置を付ける必要がなく，論理的で非常にわかりやすい．

演習問題［7］

7.1 単純気化器の構造と重要な部分についてその役割を説明しなさい．

7.2 気化器と燃料噴射による燃料供給方式の良い点，悪い点について比較して説明しなさい．

7.3 ガソリンエンジンで燃焼を開始させる方法として，なぜ電気火花が利用されるかを説明しなさい．

7.4 点火の方法として電気火花を発生させる方法を説明しなさい．

7.5 エンジン回転数を上げると，なぜ点火時期を進め（早くし）なければならないか説明しなさい．

7.6 ガソリンエンジンの燃焼室形状と特徴について説明しなさい．

7.7 エンジンに新気を吸入するときの吸入渦の種類について説明しなさい．

7.8 燃焼に際してノックがなぜ好ましくないかを説明しなさい．

7.9 ノックが発生するメカニズムについて説明しなさい．

7.10 ノックを防ぐ対策にはどのようなことがあるかを説明しなさい．

第8章 ディーゼルエンジン

大量輸送などに貢献しているトラック，バス，船舶や発電機などの動力源には，ディーゼルエンジンが使用される．このエンジンの特徴，機構を理解することは，エンジンを有効に利用するために必要となる．

本章では，ディーゼルエンジンの燃料供給方法はどのようにして行うか，燃焼はどのようにして開始され，燃焼していくのか．燃焼のしかたにはどのような特徴があるのか，燃焼室の形状はどのようなものがあり，どのような役割を果たしているか，などについて学ぶ．

8.1 ディーゼルエンジンについて

ディーゼルエンジン（diesel engine）は空気だけを吸入し，これをシリンダー内で圧縮して高温・高圧の状態にして，そこに燃料を噴射して燃料が**自己着火**することによって燃焼を開始させる．このため，**圧縮点火機関**（compression ignition engine）ともよばれている．出力は燃料の供給量によって制御され，燃焼の状態は燃料の供給状態とその後の混合気のできかたに大きく影響される．

ディーゼルエンジンは圧縮比が高いために熱効率が高く，使用する燃料単価も安いために運転経費は安い．一方，燃焼最高圧力が高いために，エンジンの強度が必要で，出力に対する重量は大きい．また，使用できる回転数はガソリンエンジンに比べて低く，その範囲も狭い．このような経済性とエンジンの重量，出力の特徴から，公共用のバスや大量輸送のトラック，船舶や定置式の発電機などに多く利用されている．

8.2 ディーゼルエンジンの燃焼

8.2.1 ディーゼルエンジンにおける燃焼

ディーゼルエンジンの燃焼はガソリンエンジンの燃焼と異なり，主な燃焼形態は燃料と空気が混合しながら燃焼する**拡散燃焼**（diffusion combustion）である．

エンジンには吸気系から空気のみが吸入され，つぎの圧縮行程でピストンの上昇によって空気が高温・高圧に圧縮される．ここに燃料噴射弁から燃料が高圧で噴射される．燃料は空気の抵抗によって微粒化され，蒸発しながら空気と混合する．燃料は短い期間に連続的に噴射されるが，その初めの段階で部分的に燃料が蒸発して空気と混合し，少量の予混合気ができる．この予混合気は高温の空気と燃料蒸気の混合気体であるため，**自己着火**して燃焼が開始する．この初めに予混合気として燃焼する部分を**初期燃焼**という．ディーゼルエンジンでの燃焼の開始は自己着火によるため，空間的にも時間的にも確率的な現象であり，多数点から燃焼が開始する場合が多い．図8.1に着火時のイメージを示す．着火は燃料と空気が燃焼しやすい理論混合比付近で，かつ温度が高いところから始まる．

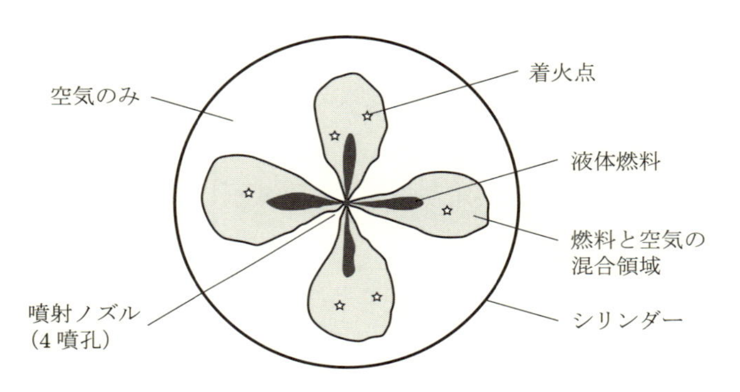

図 8.1　着火のイメージ

初期燃焼の後は，燃焼が開始した後も連続して噴射されている燃料噴霧が蒸発し，混合気を形成しながら燃焼する拡散燃焼である．シリンダー内全体としての空燃比は最大出力を決める大きな因子であるが，燃焼状態は燃料の蒸発と拡散に支配されていて，燃焼している場所の局所的な空燃比に大きく影響される．したがって，燃焼は燃料の蒸発と拡散に影響する燃料噴霧の粒子径とその分布に大きく左右される．このために，燃料の粒子径や到達距離に影響する燃料の噴射圧力と，空気との混合に影響するエンジン内の空気流動が燃焼に影響を与える重要な因子である．

Column　拡散燃焼とは

気体燃料または液体燃料が気化して気体として燃焼する場合には，予混合燃焼と拡散燃焼がある．

ガソリンエンジンの燃焼では，燃料と空気が燃焼前によく混ざった予混合気の燃焼であるのに対して，ディーゼルエンジンの拡散燃焼は，空気と燃料が混じり合いながら（混ざるのと燃焼とが平行して起こる）燃焼する．ディーゼルエンジンでは燃料が噴射されて，細かい粒子になり，さらに蒸発して燃料蒸気になる．これが周囲の空気と混じり合いながら燃焼する．気体燃料と空気でも拡散燃焼は起こる．たとえば，ガスバーナーの火炎では，空気の量が多い場合はほとんど透明な青白い炎だが，空気を少なくすると赤黄色の輝いた炎になる．このときの燃焼は燃料のガスがバーナーから出た後で，周囲の空気と混ざりながら燃焼している拡散燃焼である．

■ 8.2.2 ディーゼルノック

ディーゼルエンジンではいくつかの異常燃焼がある．ここではガソリンエンジンのノックと対比する意味で，**ディーゼルノック**（diesel knock）という現象を説明する．

ディーゼルノックは，燃料噴射から燃焼の開始時期までの時間が長い場合，つまり着火遅れが長い場合に起こる．着火遅れが長いと，燃料が噴射されてもすぐには燃焼が開始しない．このため，燃焼が開始される前により多くの燃料が噴射され，蒸発と混合が多く行われる．したがって，正常な燃焼の場合に比べて着火時には予混合気がより多く形成される．自己着火によって燃焼が開始すると，すでにできている多くの予混合気が急速に燃焼し，圧力が急上昇する．つまり，初期燃焼の割合が非常に大きい状態となる．このような燃焼が起こった場合の燃焼圧力線図の例を図 8.2 に示す．図に示すように，急激な圧力上昇のために燃焼圧力に振動が生じ，エンジン騒音が発生することがある．ディーゼルノックが発生するメカニズムは着火遅れに起因するが，ガソリンエンジンのノックの場合とはまったく逆に，着火遅れが長いとディーゼルノックが発生する．

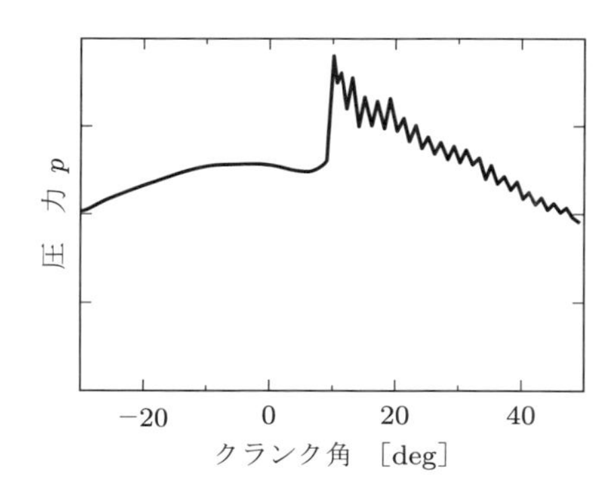

図 8.2 ディーゼルノックの圧力線図

例題 8.1 ガソリンエンジンのノックとディーゼルエンジンのノックが起こるプロセスを対比してまとめなさい．

[解] どちらも燃料の着火遅れに起因しているという意味では同じであるが，ガソリンエンジンのノックでは着火遅れが短い場合に燃焼後半の未燃混合気が自己着火し，残りの混

合気が一気に燃焼するためにノックとなる．一方，ディーゼルノックの原因は同じ着火遅れであるが，これが長い場合に起こる．つまり着火遅れが長いとそれまでに噴射される燃料が多くなって予混合気が多くなるため，初期燃焼の割合が大きくなる．これがディーゼルノックを引き起こす．どちらのノックも着火遅れが因子であるが，その影響のしかたはまったく逆である．

8.3 ディーゼルエンジンの燃料供給

ディーゼルエンジンにおける燃焼は，圧縮した高温・高圧の空気中に燃料を噴射して自己着火させる燃焼の形式であるから，燃料供給方法はシリンダーの中に直接燃料を噴射する方式だけである．

圧縮比が高いディーゼルエンジンでは，圧縮圧力は数10気圧にもなるので，燃料の噴射圧力はそれよりもかなり高い必要があり，200気圧から1000気圧，またはそれ以上にする．

8.3.1 燃料供給の必要条件

ディーゼルエンジンでの燃焼は，燃料と空気が混合しながら燃焼する**拡散燃焼**（diffusion combustion）である．このため，燃料と空気を十分に混合して，効率よく空気を利用することが適切な燃焼を行わせるための重要な条件である．したがって，燃料を微粒子にすること，燃料粒子が空気中を飛ぶ貫通力があること，燃料が空間的に広く分布すること，燃料の蒸発と空気との混合が十分に行われること，が燃焼に大きく影響する．

圧縮された密度の高い空気中に高圧で燃料が噴射されると，燃料と空気との相対速度によって，液体燃料の表面がけずられるように小さな体積となって分離する．これが表面張力によって球形になり，燃料の微粒子となる．燃料粒子の直径である粒径に関する理論式はないが，実験的に噴射ノズル直径に比例し，噴出速度に逆比例するとされている．

燃料の粒径が大きいと質量が大きいため，粒子の初速度が同じであれば空気中を飛ぶ貫通力は大きく，燃料がシリンダー内に広く分布する利点がある．しかし，質量に対する表面積が小さくなり，気化については不利である．

燃料の噴射圧力を高くすると，燃料の粒径は小さくなり，かつ燃料の初速度が大きくなる．このため，燃料の分布が広がり，燃焼しやすい状態になるので，燃料を高圧で噴射する傾向にある．

8.3.2　燃料供給装置

基本的な燃料供給装置は燃料を加圧して送り出す燃料噴射ポンプと，シリンダー内に燃料を噴射する燃料噴射弁からなる．

(1)　燃料噴射ポンプ

図 8.3 に小型エンジンで多く使用されているボッシュ式の**燃料噴射ポンプ**（fuel injection pump）の概略図を示す．図 8.4 は燃料噴射ポンプの加圧部の詳細であり，燃料の送り出しはつぎのようにして行われる．

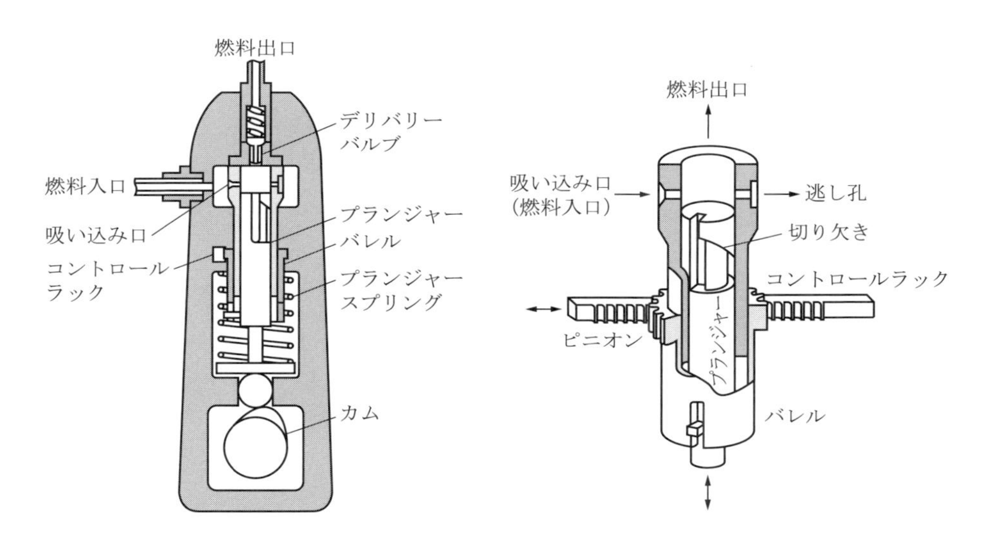

図 8.3　ボッシュ式の燃料噴射ポンプの概略図

図 8.4　燃料噴射ポンプの加圧部

燃料は，燃料タンクからポンプの吸い込み口まで，噴射用とは別の燃料ポンプで送られる．ここで，燃料噴射ポンプのピストンに相当する**プランジャー**（plunger）が下がると，燃料が噴射ポンプ内に吸い込まれる．つぎに，プランジャーが上昇して吸い込み口以上に上がると，燃料が加圧されて燃料噴射弁側（ポンプの燃料出口側）に送り出される．燃料の送り出しは，燃料が加圧される部分とつながっているプランジャーの上部にある斜めの切り欠きが逃がし孔と一致するまで行われる．切り欠きが逃がし孔と一致すると，加圧されていた燃料は逃がし孔から噴射ポンプの外に出るので，燃料の圧力が下がり，燃料出口からの燃料の送り出しが終わる．したがって，燃料の送り出し量は切り欠きの位置で決められる．ディーゼルエンジンの出力は燃料の供給量によって制御されるが，この構造図に示すように，バレルという部品を介してプランジャー自身を噴射ポンプ内で回転させることができるようになっているので，切り欠

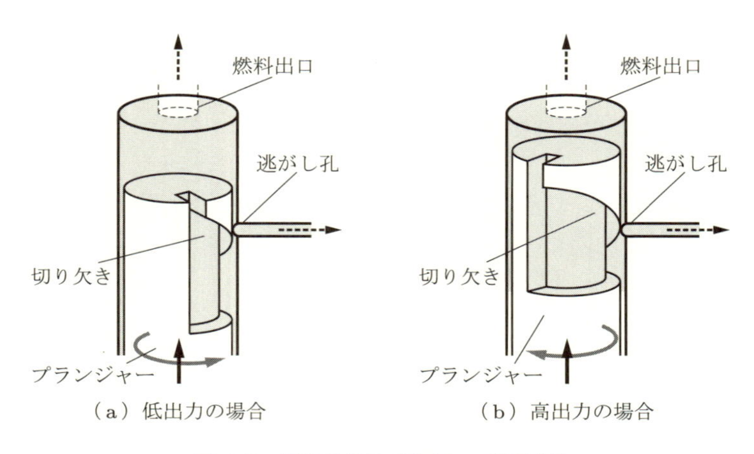

図 8.5 燃料供給量（出力）の変更方法

きと逃がし孔の合う時期を運転中に変更でき，燃料供給量が変更できる．具体的なプランジャーと逃がし孔の状態を図 8.5 に示す．図(a)は低出力の状態で，切り欠きが逃がし孔に早く一致する．この状態では，加圧して送り出している燃料が早い時期にポンプの逃がし孔から外に抜けて圧力が下がり，噴射弁のほうへの燃料の送り出しが終わり，燃料の噴射量は少ない．また図(b)では切り欠きが逃がし孔に合う時期が遅いので，燃料がより多く噴射弁のほうに送り出される．これによってエンジンの出力を制御できる．バレル上部にはラックピニオン機構があり，ラックによってバレルを回転させ，切り欠きの位置を変えることができる．このラック機構は燃料供給量を制御するという意味で**コントロールラック**（control rack）とよばれる．

燃料を押し出すプランジャーは，噴射ポンプ下部にあるカムで押し上げられて燃料をポンプから送り出し，送り出しが終わるとプランジャースプリングによって元の位置に戻される．

ポンプ出口にはデリバリーバルブという小さな部品があり，噴射弁のほうへ燃料を送り出す最後の時期にこれが戻って，最後の少量の燃料が吸い戻される．これによって，燃料の噴射の最終時期を正確に終わらせることができる．

(2) 燃料噴射弁

燃料噴射弁（fuel injection value）には，ポンプと噴射弁の間に燃料を止める弁のない開口式ノズルと，噴射が行われるときにだけ噴射弁が開く閉止式ノズルがある．閉止式ノズルの中で，噴射弁の燃料溜まりの燃料の圧力がある程度以上になったときに自動的に弁が開く形式のものを自動弁といい，高速形のエンジンではほとんどこの形式の噴射弁が使用されている．

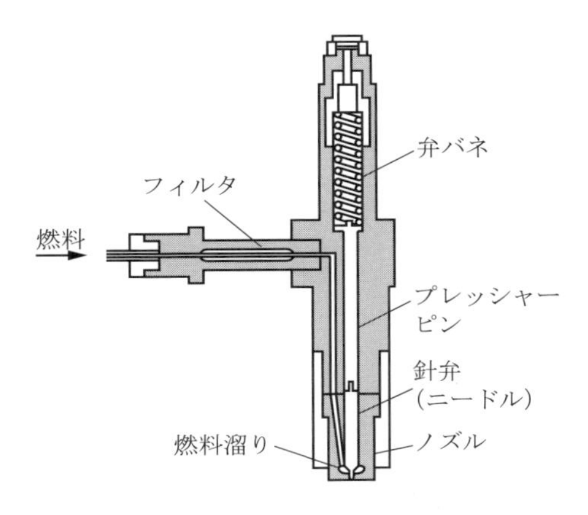

図 8.6 燃料噴射弁の構造

自動弁式の燃料噴射弁の基本的な構造を図 8.6 に示す．ノズル内部には**針弁**（**ニードル**：needle valve）があり，バネによって弁座に抑え付けられている．燃料ポンプによってノズル先端にある燃料溜まりに燃料が圧送されると，燃料溜まりの圧力が上がり，針弁を押し上げる力となる．燃料圧力による力が針弁を抑えているばね力以上になると針弁が上がり，先端の小さい穴である噴孔から燃料が噴出する．燃料ポンプから燃料の圧送が終わると燃料の圧力が下がり，弁ばねの力によって弁が閉じて燃料噴射が終わる．

図 8.7 にディーゼルエンジンに用いられるいくつかの燃料噴射弁の先端部の構造を示す．利用目的によっていろいろな形式の先端部が考案されている．燃焼室の形式によって，噴孔が一つである単孔ノズルや多くの穴がある多噴孔のホールノズルが利用される．**ピントルノズル**（pintle nozzle）は針弁の先端が噴孔の先まで突き出してお

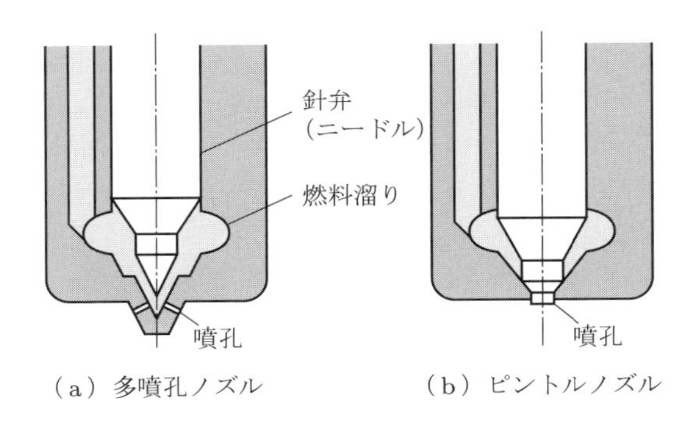

（a）多噴孔ノズル　（b）ピントルノズル

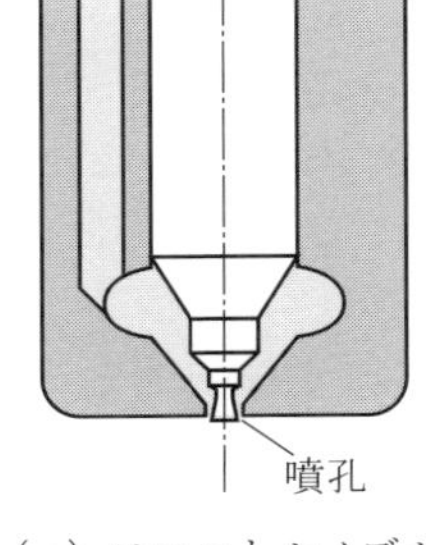

（c）スロットルノズル

図 8.7 燃料噴射弁の先端部

り，噴射するときに中空で円錐状の燃料噴霧ができる．また，針弁が出入りすることによって噴射するたびに噴孔が掃除されるので，燃焼によってできるカーボンによる噴孔のつまりが少ない．**スロットルノズル**（throttle nozzle）は針弁の先端に絞り用のテーパー部分が追加されていて，燃料噴射が開始された初めの時期で針弁の上昇が少ない期間は燃料の噴射量を少なく抑えられる．このような構造にすると，燃焼が始まる時期の初期燃焼の量を少なくできるため，ディーゼルノックの対策として有効である．

それぞれのノズルにおける針弁のリフトと噴孔の開口面積の例を図 8.8 に示す．ここで説明したように，燃焼のさせかたによって最適な針弁のリフトと開口面積の組み合わせのものが利用される．

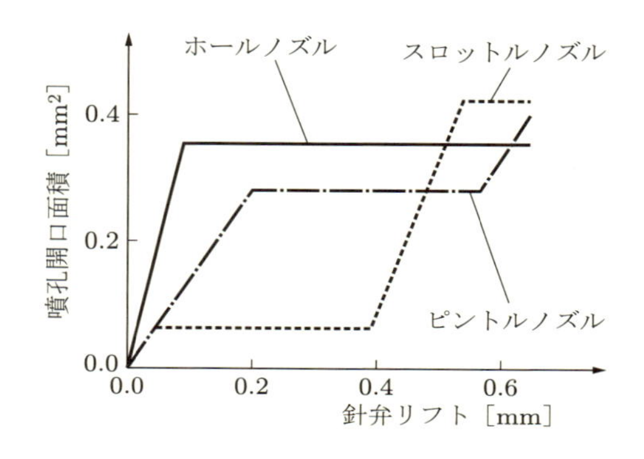

図 8.8　燃料噴射弁の開口面積

例題 8.2　ディーゼルエンジンの出力を制御する方法をガソリンエンジンの制御方法と対比して説明しなさい．

［解］ ガソリンエンジンの燃焼は空気と燃料をあらかじめ混合した予混合気を燃焼させるから，エネルギーの供給量は混合気の供給量に比例する．つまりガソリンエンジンの出力制御は混合気の量を調節して行う．一方，ディーゼルエンジンではエンジンに吸入するのは空気だけであり，シリンダー内に燃料を噴射して燃焼させる．つまり，出力の制御はこの燃料の噴射量によって行われる．ただし，いくら燃料を噴射しても燃焼しなければ意味がないため，酸化剤である吸入空気量がエンジンの最大出力を決めることになる．

8.4 ディーゼルエンジンの燃焼室

ディーゼルエンジンの燃焼室の形式には，燃焼室が 1 か所のものと 2 か所のものがある．それらは，燃焼室が一つである単室（open chamber）に燃料が直接供給される**直接噴射式**と，ピストンの上部にある燃焼室である**主室**とは別にシリンダーヘッドに**副室**（divided chamber）をもち，ここに燃料が供給される**間接噴射式**（indirect injection type）がある．おおむね直接噴射式は大型エンジンに，間接噴射式は小型エンジンに利用されているが，最近は直接噴射式でもエンジンの小型化が進んでいる．直接噴射式は**単室式**，間接噴射式は**副室式**ともよばれる．

8.4.1 直接噴射式燃焼室

直接噴射式（**直噴式**：direct injection type）の燃焼室は燃焼室が一つであるため，副室式のように主室と副室の二つの燃焼室をつなぐ通路が必要ない．そのため，連絡通路での熱損失や通路から噴出する高温ガスによる熱損失がないので，熱効率が良いという特徴がある．また，圧縮するときにも熱損失は少ないので，圧縮比が12～15程度であっても十分燃焼が開始でき，燃焼を開始させる補助的な加熱装置もいらない．

（1） 燃焼室の形状

直接噴射式の燃焼室の形状の例を図8.9(a)～(d)に示す．燃焼室はピストンの上面の一部分に作られる．ピストンの上部に円筒形や半球形などの形をした**キャビティ**（cavity）とよばれるくぼみの部分が燃焼室である．

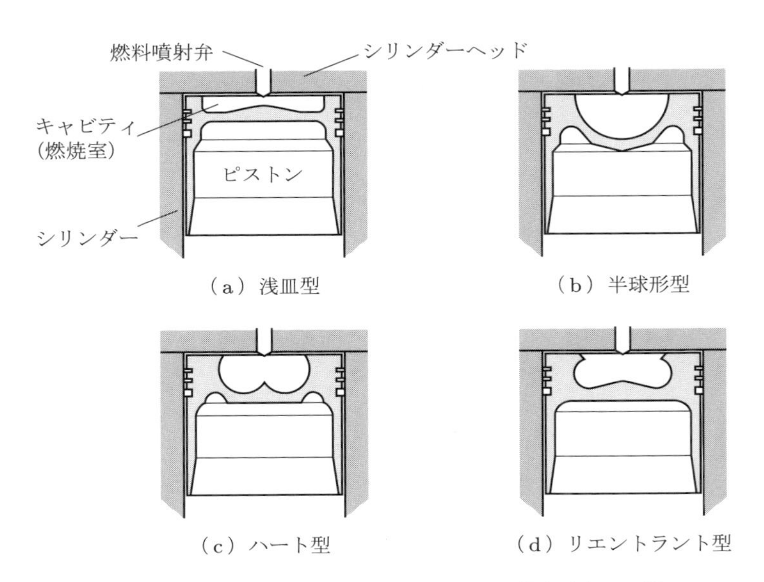

図 8.9 直接噴射式エンジンのキャビティ（燃焼室）の形状

キャビティの中心位置はピストン中心軸と一致させたものが多いが，中心軸からわざとずらしたものもある．一般には，シリンダー径が大きい場合には比較的浅いキャビティ（浅皿型燃焼室）が，小型の高速エンジンでは深いキャビティでガス流動を積極的に利用する形式が多く用いられている．

大型の船舶に用いられる超大型のディーゼルエンジンでは，エンジンの回転数は毎分数十回転程度で，燃料の噴射期間も燃焼期間も比較的長くとることができる．そのため，多数の燃料噴射用の穴をもつ多噴孔の噴射ノズルを用いてシリンダーに燃料を噴射することによって，比較的良好な燃焼ができる．

Column　大型ディーゼルエンジンの回転数

大型の船舶用のディーゼルエンジンの回転数は自動車などに使われるエンジンに比べて非常に低い．

大型のエンジンであるために，いろいろな部品（とくにピストン）の質量が大きいために，高速運転はできない．しかし，大型船の場合は逆にこの低速運転がメリットとなる．船の推進力はスクリューを回転させて得る．大型の船ではスクリューの直径も大きく，水中で推進力を得るときに問題となるのは，キャビテーションという現象である．簡単にいえば高速でスクリューを回すと，その回りに気泡ができて推進力が落ちる現象である．これはスクリューの回転が速いときに起こる．そのため船に使用される高速型のエンジンの場合は変速機を使って出力軸の回転数を落とす必要がある．エンジンの回転軸が初めから低速であれば，変速機によるエネルギーロスもなくなり，都合が良い．大型の船では大きな推進力が必要であること，またエンジン出力を推進力にする効率が良いことから，低速・高出力のエンジンが使用される．

（2）　燃焼室形状とガス流動

ディーゼルエンジンでは燃料を燃焼させる過程として，燃料の噴射，燃料の微粒化，粒子状の燃料の蒸発，空気との混合，その後の自己着火による燃焼というように，物理的に非常に複雑な過程で燃焼が起こる．燃料の蒸発や空気との混合にガス流動がガソリンエンジンの場合以上に重要な因子となる．そのため，空気を吸い込む通路である吸気ポートの形状はスワールが発生しやすいように設計される．また，シリンダー内においても，ピストンキャビティとその周辺とでは圧縮行程で空気の圧縮率が異なるので，ピストン周辺から中央のキャビティへのスキッシュ流が発生しやすく，これも燃料の蒸発，混合，燃焼に活用される．

なお，スワールがあまり大きすぎると，隣り合う噴霧や燃焼ガスがお互いに影響して燃焼を悪くする．一般的には効果的なスワールであるが，あまりにも大きすぎると燃焼に悪影響を及ぼす場合もある.

8.4.2 副室式燃焼室

副室式では燃焼室がピストンの上面だけでなく，シリンダーヘッドにも設けられ，ここは副室とよばれる．これはピストン上部にある**主燃焼室**（または**主室**という）と連絡孔でつながっている．副室式の燃焼室の形式はさらに予燃焼室式と渦流室式に分類される.

副室式燃焼室では，圧縮行程で主室から副室への強いガス流動が起こるので，蒸発，混合，燃焼の場合に直接噴射式のように新気を吸入したときにできるスワールに依存する必要はない．そのため使用できる回転数範囲が広いメリットがある．さらに燃焼圧力の上昇率が少ないため，燃焼による騒音が少ない．デメリットは，主室と副室をつなぐ連絡孔での熱損失や，主室に噴出したときの熱損失があるため直接噴射式よりも熱効率が悪いことである．始動するときには圧縮したときの温度上昇が少なく，自己着火を起こさせるために不足する分の補助の熱エネルギーが必要で，補助的な加熱装置であるグロープラグを備えている.

副室式のエンジンでは，圧縮行程で副室内の空気の温度と圧力を上げるとともに，副室内にガス流動を発生させ，ここに燃料を噴射し，副室で燃焼を開始させる．図 8.10 に副室式の代表的な燃焼室の形式を示す.

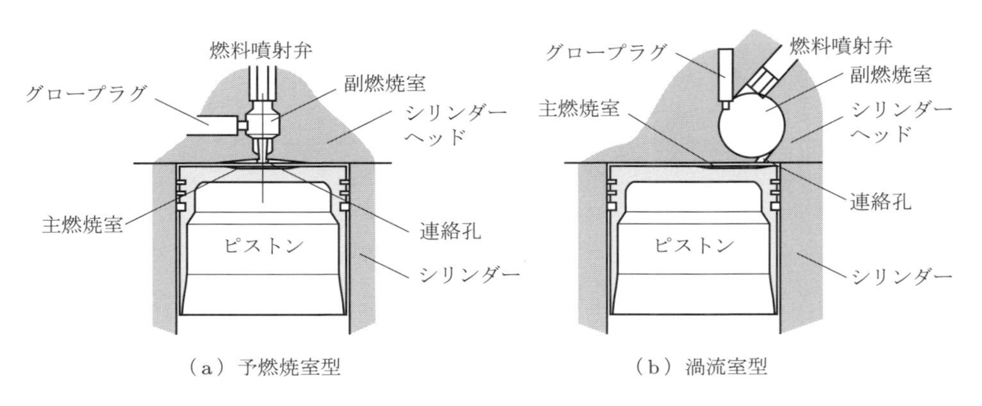

図 8.10 副室式エンジンの燃焼室の形状

（1） 予燃焼室式

予燃焼室式（pre-chamber type）エンジンの副室の容積割合は，全体のすきま容積の 30～40%で，主室と予燃焼室の連絡孔の面積はピストン面積の 0.3～0.6%程度である．噴射ノズルは単孔で主にスロットルノズルが用いられる．燃焼が開始したときの予燃焼室の圧力は急に上昇するが，連絡孔の面積が小さいために燃焼の初期での主室への流出量は少なく，主室の圧力上昇率は小さい．予燃焼室はその容積が比較的小さいために，ここに入っている空気量だけでは燃料は完全に燃焼できない．予燃焼室で開始した燃焼によりそこの圧力が上がると，連絡孔を通して燃焼した高温のガスとまだ燃焼していない燃料が，非常に速い速度で主室に噴出する．このガス流動が主室にある空気を巻き込み，残った燃料が燃焼する．この燃焼室の燃焼方式では空気の利用率が高く，また，主室での圧力上昇率は，直接噴射式燃焼室の燃焼の場合よりも低く抑えられるので，燃焼による騒音も小さい利点がある．

(2) 渦流室式

渦流室式（swirl chamber type）は，圧縮行程で積極的に副室にガス流動を作る形式の燃焼室で，その断面はほぼ円形である．副室の容積割合はすきま容積の70%から80%である．また，主室との連絡孔の面積はピストン面積の2～3.5%程度である．連絡孔の面積が大きいことと円形の副室の接線方向に連絡孔があるために，圧縮行程で副室内に強い旋回流が発生する．燃料はこの旋回流の流れに沿う方向に噴射される．副室内のガス流動は予燃焼室式の場合よりも大きく，またエンジン内の空気のかなりの部分を副室に蓄えているため，より多くの燃焼が副室内で行われる．その後，予燃焼室形式の燃焼と同じように高温の燃焼ガスと未燃の燃料が主室に噴出して燃焼する．

予燃焼室式と比べると，燃料消費率と燃焼騒音はやや大きい．しかし，予燃焼室式より高速化が可能であるため，自動車用エンジンに使われることもある．

演習問題［8］

8.1 ディーゼルエンジンにおける燃料の供給方法を簡単に説明しなさい．

8.2 燃料噴射量の調節方法を簡単に説明しなさい．

8.3 ディーゼルエンジンの燃焼がどのようにして行われるかを説明しなさい．

8.4 ディーゼルノックとはどのような現象であるか，またどのようにすればこれが防げるかを説明しなさい．

8.5 直接噴射式のエンジンの燃焼室とガス流動について説明しなさい．

8.6 副室式の燃焼室形状にはどのような種類があるか説明しなさい．

8.7 ディーゼルエンジンの燃焼室の形式と熱効率の関係について説明しなさい．

第 9 章 冷却と潤滑

エンジンの耐久性を高め，スムーズに運転するためには，冷却と潤滑が必要である．

本章では，エンジンの冷却方法の基礎として，冷却の必要性と熱の移動現象の一般的な法則を，つぎに具体的なエンジンの冷却方法について学ぶ．また，エンジンを正常に作動させるために必要な潤滑方法，潤滑油の特性などについて学ぶ．

9.1 エンジンの冷却

9.1.1 冷却の必要性

エンジンで燃料が燃焼すると，燃焼ガスの最高温度はほとんどの場合 2000°C 程度になる．このため，燃焼室を構成するシリンダーヘッド，シリンダー，ピストンなどは燃焼の期間や膨張行程でこの高温のガスにさらされることになる．エンジンにおける燃焼は間欠的なので，つねにこの高温にさらされるわけではないが，**冷却**をしないとエンジンを構成する部材の温度が上がり，使用する金属の強度が下がるために破壊してしまうことになる．また，エンジンの燃焼室の一部分が高温になると，異常燃焼が起こったり，熱応力による破壊の原因にもなる．このような問題を避けるためにはエンジンを冷却する必要がある．

冷却は，エンジンの作動そのものには関係はないし，熱効率向上のためにはむしろ不必要な装置を動かす必要があるため好ましいものではないが，エンジンの耐久性や安定した燃焼のために必要である．

9.1.2 伝熱の法則

冷却の基本的な方法を理解するために，まず伝熱の基本的な法則を理解しておく．

伝熱とは，高温の部分から低温の部分へ熱が移動する現象で，基本的な形は熱伝導，熱伝達，放射熱伝達の 3 種類である．図 9.1 にエンジンで起こっている 3 種類の伝熱現象のイメージを示す．

（1） 熱伝導

熱伝導とは基本的には固体の内部で起こる熱の移動現象で，移動する熱量は固体の熱の伝わりやすさと熱の移動を考える固体の 2 点間の温度差によって決まる．伝熱工

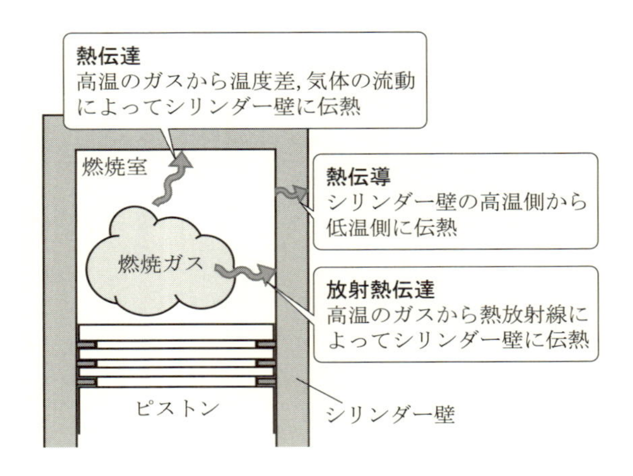

図 **9.1** 3種類の伝熱現象イメージ

学では熱の移動現象を，単位面積，単位時間あたりの熱の移動量として熱流束 q を定義し，その大小によって熱の移動量が多いか少ないかを評価する.

熱の移動を考える固体の温度差のある2点間の距離（x 方向）を L，2点の温度をそれぞれ T_1，T_2 とする．物質の熱の伝わりやすさである熱伝導率を λ とおくと，熱流束 q は次式で与えられる．なお，ここで dT/dx は x 方向の温度勾配である.

$$q = -\lambda \frac{dT}{dx} = -\lambda \frac{T_2 - T_1}{L} \tag{9.1}$$

（2） 熱伝達

熱伝達は，ほとんどの場合は固体と流体の間で起こる伝熱である．熱流束 q は固体の温度 T_s と周囲を流れている流体の温度 T_f との差と，主に流体の流速の関数である熱伝達率 α によって，次式で表される.

$$q = \alpha(T_s - T_f) \qquad ただし，T_s > T_f \tag{9.2}$$

熱伝達率 α は，固体と流体の間で起こる熱の伝わりやすさを表す係数である．これは流体の速度の無次元量であるレイノルズ数 Re と流体の熱伝導率などの物性値の関数として表される．流速の速い条件，熱伝導率の大きな流体の場合に熱伝達率は大きくなる.

（3） 放射熱伝達

放射熱伝達は固体と固体の間，固体と流体の間など，さまざまな組み合わせで起こる．高温の物体1の温度を T_1，低温の物体2の温度を T_2 とし，高温の物体の放射率を ε，ボルツマン定数を σ，伝熱面積を A とすると，単位時間の熱移動量 Q は次式で表される．

$$Q = A \cdot \varepsilon \cdot \sigma({T_1}^4 - {T_2}^4) \tag{9.3}$$

ここで，伝熱面積は高温側の面積である．放射率 ε は物体が熱エネルギーを放射熱として出しやすいかどうかを表す係数で 0 と 1 の間の値である．放射熱伝達では，この式のように熱流束 q ではなく，伝熱量 Q で表す場合が多い．

放射による熱移動はどのような物体の間でも起こるが，この式からわかるように，熱伝導や熱伝達による伝熱量が 2 点の温度差に比例しているのに対し，放射熱伝達の場合は 2 点の温度の 4 乗の差に比例する．つまり，温度が高くなると指数的に伝熱量が大きくなるため，一般には高温の物体の場合にしか取り扱わない．

（4） 伝熱量の計算

実際の伝熱量 Q［J］を求める場合は，熱流束の定義から，伝熱面積を A［m²］，伝熱を考える時間を t［s］とすると，

$$Q = A \cdot q \cdot t \tag{9.4}$$

として計算することができる．

9.1.3 伝熱の式の利用とエンジン冷却の関係

エンジンの伝熱現象として，熱伝導はエンジンの燃焼室周囲の部品であるシリンダーの壁を通して起こる伝熱量の計算に利用できる．熱伝達は燃焼ガスからシリンダー壁に熱が伝わる場合や，冷却用のフィンから空気への放熱，水冷エンジンのラジエーターにおける熱交換は熱伝達の式で考えることができる．放射熱伝達は燃焼ガスから燃焼室の壁へ，高温になったエンジンのブロックや排気管から大気への放熱に適用できる．

エンジンの耐久性を考える場合には，その部材の温度や温度変化が重要な設計の指針になるため，伝熱現象を正確に捉えることが必要となる．

例題 9.1 シリンダー内の高温ガスの温度を 2000°C，シリンダーの内壁の温度を 200°C とする．高温ガスとシリンダー壁との間の熱伝達率 α を $\alpha = 500$［W/(m²·K)］とするとき，シリンダー壁への熱流束 q を求めなさい．また，このとき，シリンダー径（ボア）D を 80 mm，燃焼室の高さ h を 30 mm であるとすると，単位時間あたりのシリンダー壁への伝熱量（冷却水への熱損失の一部）Q はいくつになるか求めなさい．

［解］ 熱伝達の式(9.2)から，高温ガスの温度を T_g，シリンダー壁内面温度を T_w とすると熱流束 q は，つぎのようになる．

$$q = \alpha(T_g - T_w) = 500 \times (2000 - 200) = 0.90 \times 10^6 \ [\mathrm{W/m^2}]$$

単位時間の伝熱量 Q は伝熱面積を A，燃焼室高さを h とすると，

$$Q = A \cdot q \cdot t$$

であり，伝熱面積 A は直径 D，高さ h の円筒面であるから

$$A = \pi Dh = \pi \times 80 \times 10^{-3} \times 30 \times 10^{-3} \times 1 = 7.54 \times 10^{-3} \ [\mathrm{m^2}]$$

となる．したがって，1 秒間の伝熱量 Q はつぎのようになる．

$$Q = 7.54 \times 10^{-3} \times 0.90 \times 10^6 = 6.8 \times 10^3 \ [\mathrm{J}]$$

例題 9.2 例題 9.1 のエンジンへの単位時間の供給熱量（燃料の発熱量）は 35 kW であったとする．熱伝達による伝熱量から熱損失割合を求めなさい．また，計算の仮定も検討しなさい．

［解］ まず計算の仮定について考えてみる．伝熱面積である燃焼室内の表面積は，ピストンが運動しているのでいつも一定ではない．また，伝熱面はシリンダー以外にもピストンやシリンダーヘッドがあるため，すべての熱損失を計算していることにはならない．また，ピストンが下死点付近になると燃焼ガスの温度が下がり，温度差が少なくなって熱流束は小さくなる．一方，伝熱面積は増加するため，シリンダー壁への伝熱量としてはあまり変わらないとも考えられる．このような考察から正確ではないが，熱損失のオーダーを計算する場合はこの仮定でも推定できる．

つぎに熱損失を計算する．例題 9.1 の結果を利用して，伝熱面積がシリンダー壁の 2 倍であるとすると，単位時間あたりの熱損失量 Q' は

$$Q' = 13.6 \times 10^3 \ [\mathrm{W}]$$

となる．考えているエンジンへのエネルギー供給量を 35 kW と仮定したので，熱損失割合 η_L は，

$$\eta_L = \frac{13.6}{35} = 0.389$$

となり，このように仮定した場合，約 39% 程度であることが推定される（一般的な値より少し大きい値となった）．

Column 断熱エンジンの効果

第 3 章で学んだように，熱勘定図でのエネルギー配分から，熱効率を上げ，軸出力の割合を増加させるためには，それ以外のエネルギーの分配である熱損失と排気損失を減らすことが重要であることがわかる．

この考えから，熱損失を減らしたエンジンの一つのアイディアとして，エンジンを断熱にして熱効率を上げる目的で，熱の伝わりにくいセラミックスを用いたエンジン，いわゆる断熱エンジンが古くからあった．断熱エンジン（実際には断熱にはできないので，エンジン壁面への伝熱を少なくしたエンジン）は，それまでの形式のエンジンより，仕事にならないでエンジンに逃げる熱は減少する．しかし，エンジンに伝わらなくなった熱量のほとんどは排気ガスの温度の上昇になって，排気エネルギーとしてエンジン外に出てしまう．つまり，冷却損失は減ったものの，排気損失が増えてしまうのである．このため，期待したように逃げる熱を仕事に変換できた量はわずかであり，熱効率の向上には大きな効果はない．

ただし，断熱エンジンは，排気ガス温度が上がるので，この熱エネルギーを回収するシステムと組み合わせることでシステム全体としての熱効率向上が期待できる，耐熱性の材料を使用することによって冷却システムを簡素化できるなどの可能性はある．なお，現在のエンジンではセラミックスが耐熱性が必要な部品などとして活用されている．

9.1.4　冷却方法

（1）　水冷

負荷が大きいエンジンでは熱負荷も大きくなるため，十分に冷却する必要がある．このような場合には，エンジンを液体で冷却し，さらにその液体を空気で冷却する．とくに自動車用エンジンでは，ほとんどがこの**水冷**（water cooling）方式である．

水冷式エンジンの冷却方法のイメージを図 9.2 に示す．

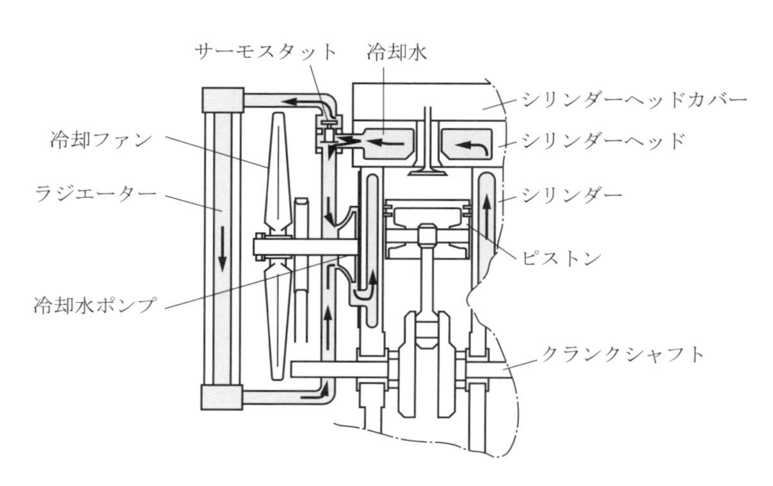

図 **9.2**　水冷エンジンの冷却構造

燃焼による熱の一部はエンジンの仕事に，一部は排気エネルギーになり，残りはシリンダーやシリンダーヘッドの壁へ伝わり，その内部にある冷却水に吸収される．熱を渡された冷却水はポンプによって熱交換器であるラジエーターに送られ，ここで外部の空気と熱交換を行い，温度が下げられて再びエンジンに戻る．ラジエーターは冷却水と空気との熱交換を行いやすくするために，冷却水の流路面積と伝熱面積を大きくした装置である．

（2）　空冷

空冷（air cooling）式のエンジンは，冷却したい熱量をエンジンから直接空気に伝える方式である．この場合，冷却の効果は水冷式ほどよくはないが，冷却水を循環させるポンプが不要であり，冷却水を冷却するためのラジエーターもいらない．したがって，エンジン全体として，小型・軽量化できることがメリットとなる．固定されているエンジンでは空気で冷却する効果を上げるために，空気を流動させるファンなどが必要となる．オートバイのエンジンのように，移動式のものは走っていることによる空気とエンジンの相対的な速度があるので，ファンなどを必要としない．図 9.3 に固定式の小型空冷エンジンの冷却方法の例を示す．

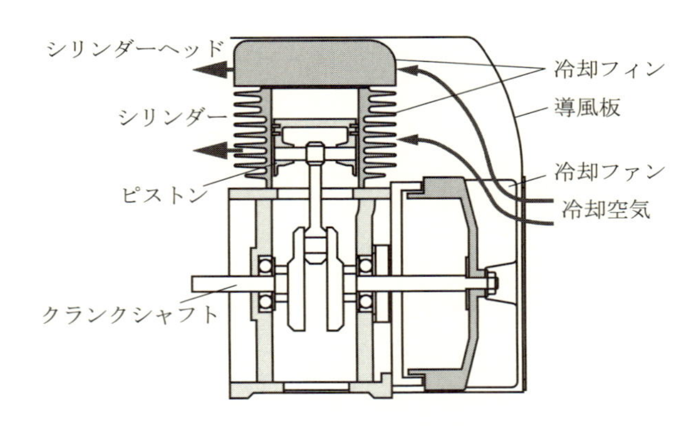

図 9.3　空冷エンジンの冷却構造

空冷の場合は冷却熱量を多くするために，伝熱面積を大きくするためのフィンを設ける．フィンは大きいほど見かけ上の伝熱面積は増加するが，フィンの根本の高温の部分から離れた先端の温度は下がるので，フィンを長くした効果は急激に落ちる．冷却フィンの大きさはこの冷却効果とエンジンとして制約される空間的な大きさも考慮して設計される．

9.2 エンジンの潤滑

9.2.1　潤滑の必要性と潤滑の基礎

(1)　潤滑の必要性

エンジンのように運動する部品と固定された部品を使っている機械は，その両者の間で摩擦が生じる．エンジンにはこのような部分が多数あり，この摩擦を低減することが，エンジンの寿命の点でも効率のうえでも重要となる．したがって，この摩擦をできるだけ減らす必要があり，そのために**潤滑**が行われる．

(2)　潤滑の基礎

固体どうしが接触して動く場合には摩擦力がはたらく．この接触面に**潤滑油**が入ると，潤滑油が油の膜を形成し，摩擦は大幅に低減される．潤滑油は接触面を二つに分け，機械的に，分子的に引き付ける力を減少させる．潤滑油は，その粘度と，相対的な速度から生じる流体力学的な油圧によって荷重を支えている．このような潤滑状態を流体潤滑という．

この状態でも，荷重が非常に大きくなった場合や，相対的な速度が遅くなった場合には油膜の厚さが非常に薄くなり，摩擦が大きくなる．この状態を境界潤滑という．

軸受の摩擦係数の例として，軸にかかる荷重圧力を p，潤滑油の粘性係数を μ，軸の回転数を n とすると，このような三つの因子と摩擦係数 f との関係は図 9.4 のようになる．この図から，荷重や速度と摩擦係数の関係がわかる．この図からわかるように，低回転で荷重が大きい場合には，粘性が大きい潤滑油を使用しないと境界潤滑になり，ひどい場合には焼き付きを起こす．

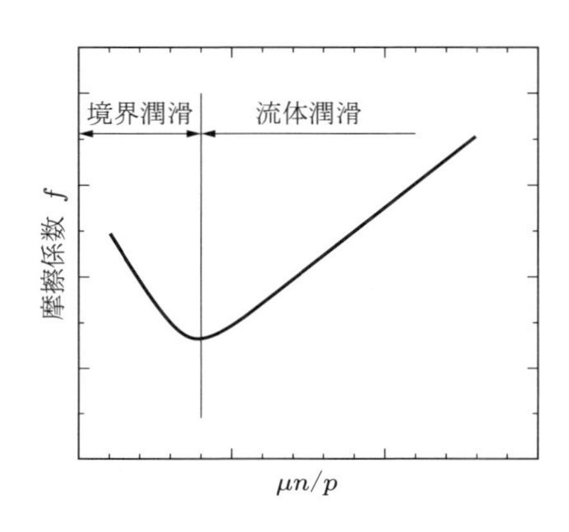

図 9.4　摩擦係数に影響する因子

9.2.2 エンジンの潤滑方法

(1) シリンダー，ピストンなどの潤滑

エンジンでもっとも摩擦が起こる部分は，ピストンまたはピストンリングとシリンダーの間である．これ以外にも，弁を動かすカムとロッカーアームの間，弁とバルブガイドの間，軸受はあるもののコンロッドとクランクシャフト，クランクシャフトとエンジンのブロックの間などはすべて摩擦部分である．したがって，このような部分には適切な量の潤滑油を供給する必要がある．

摩擦部分には，潤滑用の油ポンプによって油を圧送する．エンジンにおける潤滑油の概略の経路を図9.5に示す．潤滑油は潤滑が必要なエンジンの各部分に送られて，その役目を果たした油は油溜まりに戻り，ここである程度温度を下げられ，金属粉や高温で生じた塊（スラッジ）などを濾過した後，再び潤滑する部分へ圧送される．

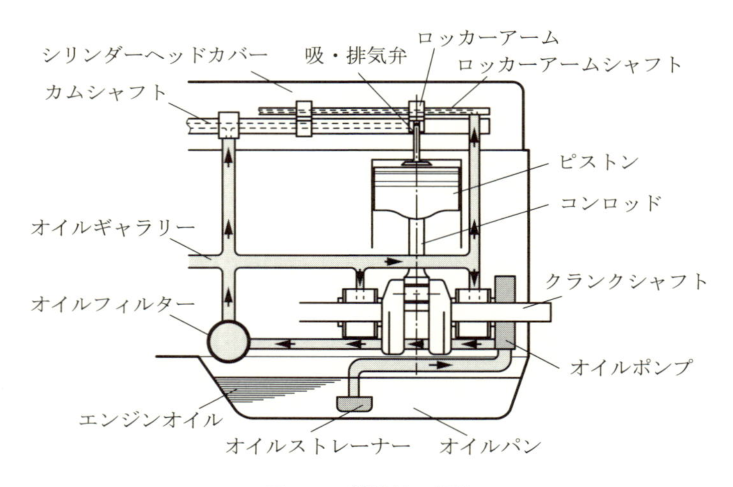

図 9.5 潤滑油の経路

この方法以外にもエンジンの下部にある油溜まりに溜まっている油を回転部分でかき上げて，潤滑したい部分に油の飛沫を飛ばす方法もある．

小型2サイクルエンジンでクランクケース圧縮式の場合には，クランクケースの中に潤滑油を溜めておくことが難しいので，ガソリンと潤滑油を20：1程度の割合で混合して供給する潤滑方法がある．これは，潤滑油を送り出すポンプがいらないので構造が簡単になり，価格面でも有利であるが，潤滑油が燃焼するために燃焼室内に潤滑油の燃えかすが溜まりやすい．このため，異常燃焼や冷却が不十分になることや潤滑油をつねに消費しているという欠点がある．排気ガス中には，2サイクルガソリンエンジンの特徴ともいえる潤滑油が蒸発したり，燃焼したりした白色の煙が含まれる．ま

た，クランクケースに燃料とは別に，潤滑油を供給する分離潤滑方式もある．この場合は，負荷などのエンジンの状態に応じた潤滑油の量を制御できる利点がある．

（2） 軸受

回転部分には摩擦を減らすために，軸受が多く用いられる．軸受は大きく分けると，滑り軸受ところがり軸受に分けられる．

滑り軸受の例を図 9.6 に示す．この軸受は平軸受けともよばれ，砲金や燐青銅などの金属を素材から削り出したり，軸受用の堅い金属の表面に別の軸受用の柔らかい金属を鋳造したり溶着したりして作られる．滑り軸受は大きな荷重に耐えられるという特徴があるが，つねに潤滑する必要がある．軸受け用の合金は荷重が低い部分にはすずや鉛とアンチモン，銅などの合金であるホワイトメタルが，やや高い荷重の部分には銅と鉛の合金のケルメットが，さらに高い荷重にはアルミ合金が使用される．

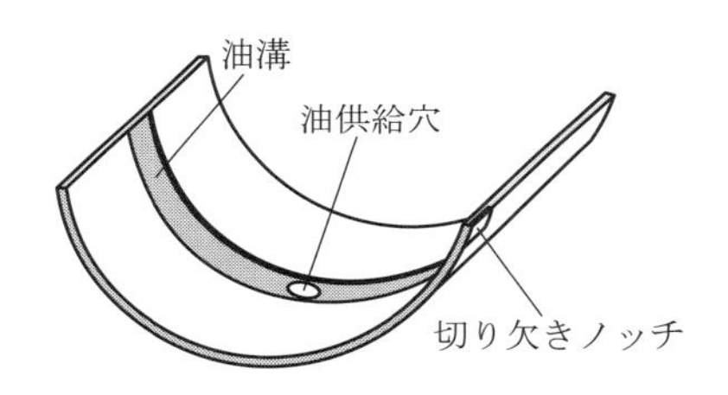

図 9.6 滑り軸受の例

滑り軸受は分割式も可能であり，たとえばクランクシャフトとコンロッドの接触部分のように，構造上ころがり軸受けが使用できないところや，構造上で軸の直径に制限がある場合などに用いられる．

ころがり軸受はいわゆるベアリングとよばれるもので，軸受の外周と内周の間に球やローラーを入れて摩擦を少なくする．潤滑は必要ではあるが，常時潤滑油が供給されなくても機能する．

9.2.3 潤滑油の潤滑以外の効果

潤滑油はエンジンの各部分に供給される．とくに燃焼室に近いピストンやシリンダー壁にも供給される．このような熱的に負荷の大きい部分では，潤滑油は冷却用の液体としてもはたらく．エンジンの潤滑をできるだけ安定させるために，潤滑油の温度を下げる装置を付ける場合もある．潤滑油は，冷却水と同じようにエンジン部材の熱を外気に放出する手助けをしている．

9.2.4 潤滑油

(1) 潤滑油の評価

潤滑油の評価でもっとも重要な性質は粘度で，潤滑油の温度が変化しても適切な粘性を保っていることが要求される．したがって，温度によって粘性の変化が少ないものほど良い潤滑油である．これ以外にも潤滑油が安定して供給されるためには，泡が立ちにくいこと，高温にさらされても酸化しにくいこと，などが求められる．

潤滑油の粘性の評価は，決められた温度で細い管を一定量の潤滑油が通過する時間で試験される．温度による粘性の変化の評価は，二つの指定された温度（40°C と 100°C）の粘度の変化から換算される**粘度指数**（viscosity index）で表される．粘度指数が大きいほど，温度によって粘度が変化しない優れた潤滑油である．

(2) 潤滑油の種類

エンジンに用いられる潤滑油は，石油系の油が基本で，これに多くの種類の添加剤が加えられている．潤滑油の質の評価には，一般にはアメリカの SAE（Society of Autobotive Engineers）規格が用いられ，ガソリンエンジン用とディーゼルエンジン用にそれぞれ数種類以上の分類がされている．ガソリンエンジン用は S*（S で始まる 2 文字．2 文字目はアルファベット順で後のものほど上位を意味する），ディーゼルエンジン用は C*（C で始まる 2 文字）と表記され，クラス分けされている．潤滑油のクラス分類とは別に，潤滑油の粘度指数を評価した基準もある．以前は固定した一つの規格（シングルグレード）のものが多かったが，エンジンの負荷条件が大きく変わるようになり，いろいろな条件でもできるだけ粘度が変わらないものが必要とされ，いわゆるマルチグレードの潤滑油が一般的になった．図 9.7 に一般的なグレードと対応する温度を示す．たとえば，10W－30 というのは低温では SAE10 番（SAE 規格の 10 番）相当の低い粘度で，同じ潤滑油が高温では SAE30 番相当の粘度を示す性質をもつことを表している．これは，エンジンが暖まる前は比較的さらさらした 10 番相当の

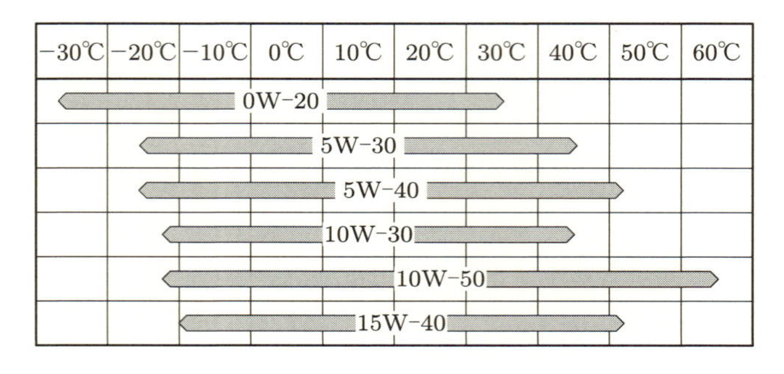

図 9.7 潤滑油の SAE と対応温度

粘度で，低温における油膜の生成と粘度の高い油による抵抗を低減する．一方，高負荷で高温になると 30 番相当の粘度となり，粘度が低いことによって油膜が切れ，潤滑がうまくいかないような不具合が起こらないようにできることを示している．

エンジンそのものに使用される潤滑剤以外にも，変速機など（トランスミッションやディファレンシャルなど）に使用される別の規格のギヤオイルがある．

Column　潤滑油の選択

自動車に使われるエンジンオイルは，その地域によってある程度変える必要がある．日本は南北に長い国であり，北海道と沖縄では気象条件は大きく異なる．とくに冬季の最低温度は低い所では零下 30°C（かもっと低い）になる所もあれば，冬でも氷点下にならない地域もある．したがって，地域によってその粘性を考慮してオイルを選んだほうがよい．ただし，エンジンが暖まるとエンジンそのものの温度はそれほど大きくは変わらない（高負荷で長時間使用すれば状況は変わるが）．エンジンオイルの粘性については，エンジンを極低温でスタートさせるときに粘性が高いオイルを使用していると，始動のために多くのエネルギーを必要とする．逆に粘度の低いオイルを使用していると，高負荷運転を長時間続けるとエンジンの温度上昇によって潤滑油の潤滑性能が下がり，最悪の場合には焼き付きを起こす恐れがある．

演習問題［9］

9.1　エンジンを冷却する必要性とその利点，欠点を説明しなさい．

9.2　シリンダー壁の燃焼室側の表面温度が 180°C で冷却水側の温度が 100°C としたときの熱流束を求めなさい．また，この熱流束が，燃焼ガスの温度が 2000°C，燃焼室の内側の壁面温度が 200°C である伝熱状態（熱伝達）である場合に，ここにおける熱伝達率を求めなさい．ただし，シリンダー壁の厚さを 20 mm，材質は鉄で熱伝導率を 50 W/(m·K) とする．

9.3　燃焼ガスの温度が 2200°C，ピストン，ヘッド，シリンダーの温度が 180°C であり，熱伝達率が 300 W/(m^2·K) である場合の熱損失量を求めなさい．ただし，シリンダー径（ボア）を 86 mm，ストロークを 80 mm とする．

9.4　エンジンの冷却方法である空冷と水冷の良い点，悪い点を説明しなさい．

9.5　一般的な摩擦の低減方法を述べなさい．

9.6　粘度指数の意味とどのようなものが優れた潤滑油であるかを述べなさい．

9.7　エンジンにおいてはどのような部分にどのような摩擦低減の対策がとられているかを説明しなさい．

第10章 エンジンの計測と評価

エンジンの運転状態を正確に知り，さらに改良していくためには，燃焼状態などを計測して解析する必要がある．計測が必要な項目は，エンジンの出力，排気ガス成分と，燃焼圧力などである．また，エンジンの性能評価としては出力とともに排気ガスの状態，燃料消費率などが重要な評価項目となる．

本章では，エンジンの種類によってこれらの評価はどのような特徴があるか，また排気ガス中の有害成分はどのようにして発生し，どうしたら削減できるかなどについて学ぶ．

10.1 エンジンにおける計測

エンジンの性能や熱効率をさらに改善するためには，エンジンの燃焼圧力，温度，火炎伝播，ガス流動などの計測や，出力や排気ガスの状態を判断するための動力，ガス成分濃度などを計測する必要がある．エンジン全体の特性としては，これ以外にも振動や騒音に関する計測も行われる．

ここでは，エンジン性能に直接関連する重要な項目を取り上げて説明する．

10.1.1 動力の計測方法

エンジンの出力は動力計で計測される．エンジン単体で試験する場合に多く使用される動力計として，**電気動力計**（electric dynamometer）がある．電気動力計にはブレーキのようにエンジンの出力を吸収だけして計測する動力吸収形式のものと，エンジンを動かしたり負荷をかけたりして計測できる動力発生形式のものがある．

動力吸収方式には，図 10.1 に示すような渦電流式動力計がある．これは磁界中に置かれた金属に渦電流が発生することを利用するもので，計測軸に金属製の渦電流発生円盤と，これを挟むようにコイルを置く．コイルに電流を流すと磁界が発生し，回転している金属円板にブレーキがかかる．ブレーキの程度は流す電流で調整できる．その制動力を計測すれば軸トルクがわかる．これと回転数から出力が計算できる．このような動力吸収式の動力計は構造が簡単で，コンパクトで大きな動力を吸収できる特徴がある．

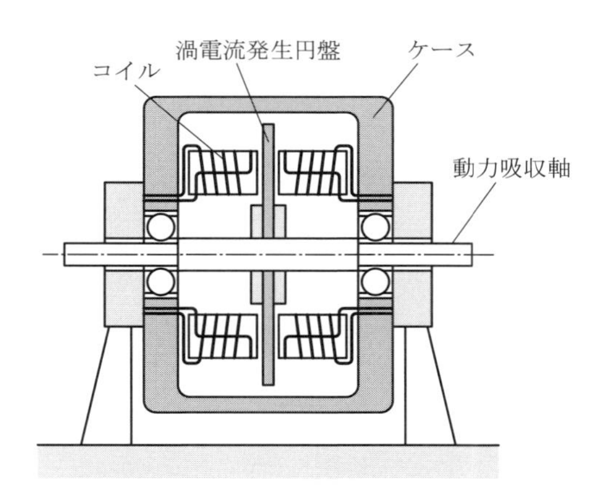

図 10.1 渦電流動力計の構造

動力発生式の動力計は発電機を利用する．計測したいエンジンの出力軸に発電機をつなぎ，この出力からエンジンの軸出力を求める．交流式の電気動力計は，直流の電気動力計に比べると小型であるが，高速運転には向いていない．

このほかの動力計としては，動力吸収軸に水車のような羽車を付け，水の粘性抵抗を利用して動力を吸収し，その反力としてトルクを計測する方法もある．コンパクトで大出力まで計測できるが，応答性が悪いという欠点がある．また，出力軸のねじれ状態を計測して瞬間のトルクを計測する方法もある．

自動車に載せた状態でのテストにはシャーシーダイナモメーターが使われる．自動車の駆動車輪を大形のローラーの上において，ローラーに対する駆動力を測定して自動車としての性能を評価する．

10.1.2 ガス組成の計測

エンジンの運転条件の変化で，混合比や排気ガスの成分がどのように変化するかを知るためには，ガス組成の分析が必要となる．エンジンで分析する必要がある主なガス成分は，炭化水素 HC，一酸化炭素 CO，二酸化炭素 CO_2，窒素 N_2，酸素 O_2，窒素酸化物 NO_x，微粒子 PM などである．ガス成分はつぎに説明する装置で分析する．

(1) 連続的なガス分析

ガス成分が時間的に変化していても連続的にガス分析ができる方法としては，①ガス成分が赤外の波長域でそれぞれのガスに固有の吸収波長をもっていることを利用した非分散型赤外線分析計（NDIR），②NO については，励起状態から基底状態の NO_2 に戻るときに出す近赤外の光の発光強度を利用した化学発光式分析計（CLD），③炭化水素については水素を燃料とした火炎の中で燃焼させると，その炭素数に比例したイオンが発生することを利用した全炭化水素分析計（FID），がある．

（2）　少量のガス分析

分析したいガスの量が少ない場合にはガスクロマトグラフが使われる．ガスクロマトグラフ法は，特殊な物質がガスを一定時間吸着し，その吸着時間がガスの成分によって異なるため，ガスを各成分に分離できる性質を利用する．分離したガスの検出には，熱伝導率の差で検出する熱伝導率型の検出器（TCD）と，水素炎検出器（FID）が使われる．

（3）　その他のガス分析方法

概略的なガス濃度測定にはガス検知管を使用する．検知管には特定のガスに反応して発色する検出剤が充てんされており，検知管の中の検出剤の色の変化でガス濃度の概略値を計る．

また，実際の自動車に載せたエンジンでは，空燃比の制御のために酸素濃度の検出をジルコニアセンサーで行っているものがある．これはジルコニア製の管の内外面に多孔質の白金電極を焼き付け，内外面を空気と排気ガスにさらすと，酸素濃度に応じて起電力を発生する原理を利用している．

■ 10.1.3　燃焼圧力の計測

エンジンの燃焼状態を評価する場合にもっとも確実で有効な方法は，シリンダー内の圧力計測である．燃焼圧力は変化が急激であるために，電気的な方法で計測する．また，圧力計は高温の燃焼ガスに直接触れるため，温度に対する対策も必要である．

エンジンの燃焼圧力の計測に利用される**指圧計**（pressure indicator, pressure trans-

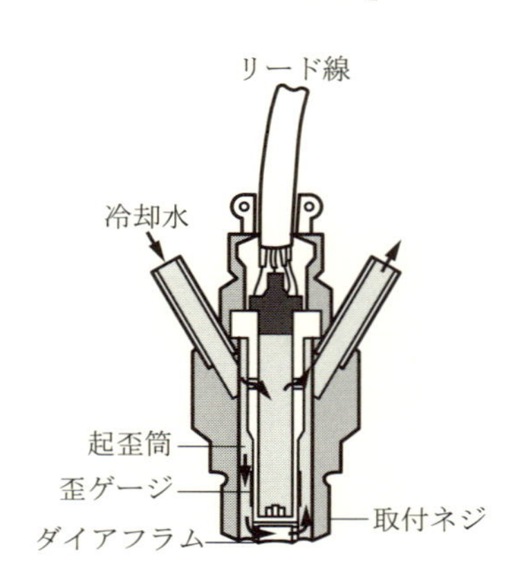

図 10.2　歪計式エンジン指圧計の構造

ducer）には，歪計式指圧計と圧電式指圧計がある．

歪計式指圧計（strain gage type pressure indicator）の構造を図 10.2 に示す．この圧力計は先端部で受けた燃焼圧力の力をその中の円筒（起歪筒）に伝え，円筒のひずみをひずみゲージで検出する．圧力計の先端部は温度対策として水冷されている．

圧電式指圧計（piezo-electric type pressure indicator）は，歪計式とほとんど同じ構造であるが，圧力の検出部は圧電素子が使われる．圧電素子とは力がはたらくと電位を発生する物質で，水晶もその一つである．

Column　エンジンの圧力計の精度

エンジン燃焼圧力の計測は，①急激な圧力の変化，②高温の燃焼ガスにさらされる，という過酷な条件で行わなければならない．急激な圧力変化の計測には，圧力計の周波数応答性が問題になり，圧力計自体の固有振動数を高くする必要がある．燃焼圧力計測では 10 kHz 程度までの周波数成分は必要になるので，固有振動数はこの数倍程度が必要になる．当然これに使用する電気的な増幅器や記録装置にもこの特性が要求される．温度については燃焼ガスの温度が 2000°C にもなり，圧力計端面はこのガスにさらされる．一般には水冷によって熱的な影響を少なくする．

燃焼圧力の解析はエンジンの状態の判断に有力ではあるが，計測器としての精度要求は厳しい．

10.1.4　温度の計測

（1）　時間的な変化の少ない温度の計測

時間的に変化が少ない温度の計測には，実験室では，水銀またはアルコールの棒状温度計が安価で利用しやすい．また，熱膨張率の異なる異種金属を 2 枚張り合わせたバイメタル形式の温度計も用いられる．温度によって異種金属の接点に生じる熱起電力を利用した**熱電対**（thermo-couple）もある．また，半導体の抵抗値が温度によって変化することを利用したサーミスタも活用されている．

（2）　時間的な変化が速い温度の計測

エンジンの燃焼評価で必要になるのは燃焼室内のガス温度である．直接温度計測をするのは難しいので，つぎの間接的な方法がある．エンジン内の燃焼圧力 p を計測し，シリンダー内のガスの質量 m，計測したときのシリンダー容積 V，気体のガス定数 R を利用して，状態方程式 $T = pV/mR$ を用いて平均的なガス温度 T を求める．これ以外にも光学的な方法があるが，実際に利用するには技術と経験が必要とされるため，あまり利用されていない．

10.1.5 ガス流速の計測

ガス流動は燃焼と密接な関係にあるので，燃焼状態を解析したり，燃焼状態を改善する場合に必要となる．ガス流速の計測方法としては，熱線流速計，レーザー流速計や可視化計測法などがある．

(1) 熱線流速計

流れの中に電流を流して加熱した細い抵抗線（熱線）を入れると，流れによって抵抗線が冷却される．このとき，温度によって抵抗線の抵抗値が変わる．この原理を利用して流速を測るのが**熱線流速計**（hot wire anemometer, hot wire velocimeter）である．抵抗線には細いタングステン線や白金線が用いられる．

(2) レーザー流速計

光学的な計測方法としては**レーザー流速計**（laser doppler velocimeter）がある．これはレーザー光の干渉性を利用し，2本のレーザービームを交差させて光の縞模様を作る．気体中に非常に細かい粒子を入れておくと，この縞模様を粒子が通過したときに，明滅する光を反射する．これを高感度の光検出器で検出して，明滅の周波数から速度を算出する．

(3) 可視化計測

測定精度はやや劣るものの，空間的な分布を求めるには**可視化計測**（flow visualization）法が有効である．これは流体に浮遊させた粒子（トレーサー）の動きを撮影する方法である．動いているものを撮影すると，撮影画像はブレている．このブレの長さが移動距離で，シャッター時間が移動時間であるから，これらから速度が計算できる．

気体に浮遊させる粒子（トレーサー）としては，小さな綿状のメタアルデヒドの結

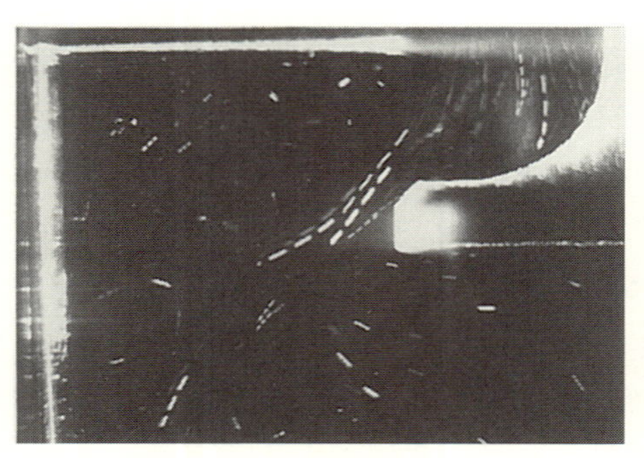

（a）側方写真（4回の多重露光．右上が弁，左がシリンダーに相当する外壁）

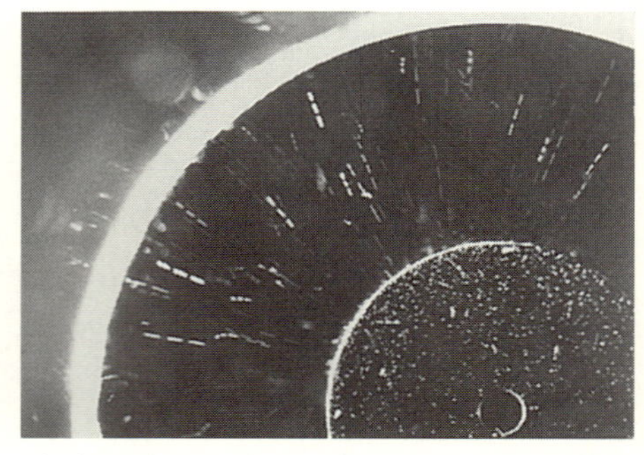

（b）下方写真（3回の多重露光．右下の半円が弁，大きい半円はシリンダーに相当する外壁）

図 10.3 弁部の流れの可視化写真

晶や球形のプラスチックの中空微粒子が用いられる．

画像処理の技術が進んで定量的に速度分布を求めることが可能になり，今後も活用される計測方法である．図 10.3 に弁を空気が通過する可視化計測の写真例を示す．

10.1.6 流量の計測

エンジンの燃焼状態を解析するためには，吸入空気や燃料の流量測定が必要となる．

吸入空気流量の計測には**絞り流量計**（head meter）がよく利用される．絞り前後の圧力差を計測してベルヌーイの式から流速を計算し，流量を求める．また，管路の圧力損失を利用する計測方法として図 10.4 に示すような層流流量計がある．これは，流れが層流状態では圧力損失が流速に比例することを利用したものである．

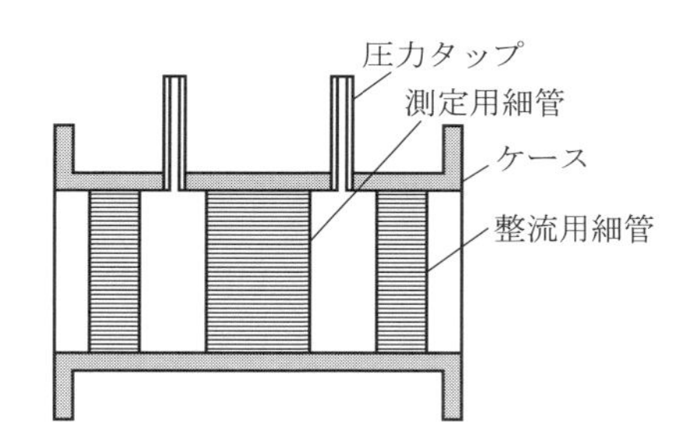

図 10.4 層流流量計の構造

自動車のエンジンでは，吸気管の管路内に小さい板を置き，流速によって受ける力を検出してその力から流量を算出する方法や，吸気管内に細い円柱を置き，この後方にできるカルマン渦の周波数から流量を算出する方法も実用化されている．

液体燃料を計測するには，一定容積を燃料が通過する時間を計測する方法がもっとも簡単である．このほかには，燃料の一部に瞬間的に電位をかけて燃料の一部をイオン化させ，その移動速度を電気的に検出する方法もある．

10.1.7 微粒子（PM）の計測

排気ガス中には，燃焼生成物のガス体以外に**微粒子**（particulate matter：PM）が含まれる．微粒子の多くはいわゆるすすである．ディーゼルエンジンでとくに問題となる排気黒煙はこのすすである．

ディーゼルエンジンの排気煙濃度の測定法には二通りある．一つは管路の途中に濾紙を置いて一定量の排気ガスをサンプルし，濾紙の色の変化からすすの濃度を計測する方法である．もう一つは，排気ガスの通路に光源と受光検出器を置き，排気ガス中のすす濃度に応じて光が吸収されることを利用するものである．両方とも**スモークメーター**（smoke meter）とよばれる．

10.1.8 火炎伝播の計測

燃焼状態を判断するには，燃焼圧力がもっとも多く利用される．しかし，圧力はシリンダー内では空間的に一様であり，圧力計測だけではどこから燃焼が始まり，どれだけ燃焼したかというような火炎の空間的な広がりを知ることはできない．燃焼状態をより正確に理解するためには，火炎の伝播状況を知る必要がある．

火炎位置の計測方法は大きく二つに分けられる．一つは電気的な検出プローブを設置して計測する手法であり，もう一つは画像を用いる方法である．ここでは画像による計測方法について説明する．これには，火炎の発光を直接捉える**直接撮影法**と，燃焼による気体の密度変化を利用する**間接撮影法**がある．

（1） 直接撮影法

直接撮影法は，燃焼している火炎の発光をカメラによってそのまま撮影する方法である．エンジン内の燃焼は非常に速いので，高速度の撮影が必要で，近年は毎秒6000コマ以上の高速現象まで撮影できる計測用のテレビカメラが多く利用されている．

ディーゼルエンジンの燃焼では火炎の発光輝度（明るさ）が高いので，一般に直接撮影が可能である．ガソリンエンジンでは火炎の発光輝度が低く，直接撮影はやりにくい．

（2） 間接撮影法

間接撮影法は，火炎面の未燃部（低温・高密度）と既燃部（高温・低密度）には密度差があり，ここで光が屈折することを利用する方法である．

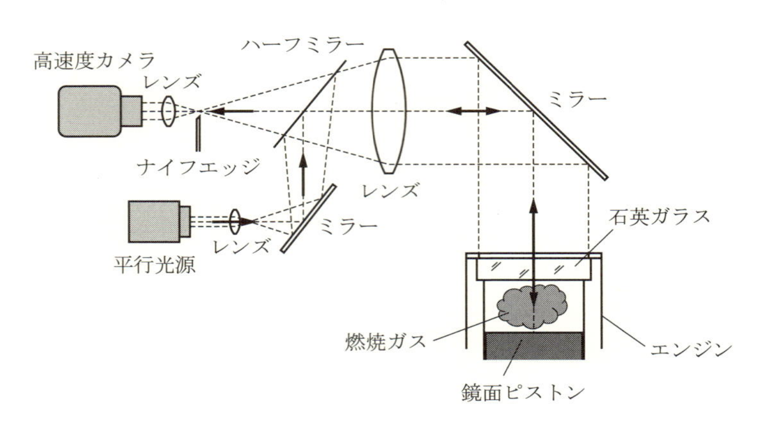

図 10.5 エンジンにおける間接撮影計測の光学系の例

エンジンで使われる間接撮影法の光学系の例を図 10.5 に示す．平行な光束を作って燃焼火炎部にあて，ここで屈折する光を画像として捉える．平行光が燃焼部分を通過して，一部が屈折した光をそのまま撮影するのが**影写真**（シャドウグラフ：shadow graph）である．通過した光を一度レンズなどで集光して，集光点に遮光物（シュリーレンストップ）を置き，屈折した光のみを通過させて撮影するのが**シュリーレン**（schlieren）**法**である．シュリーレン法では火炎の境界が明らかになるが，シュリーレンストップの設定の仕方により，特定方向の密度変化のみが強調される．図 10.6 にシュリーレン法で撮影したエンジンの火炎伝播の撮影例を示す．

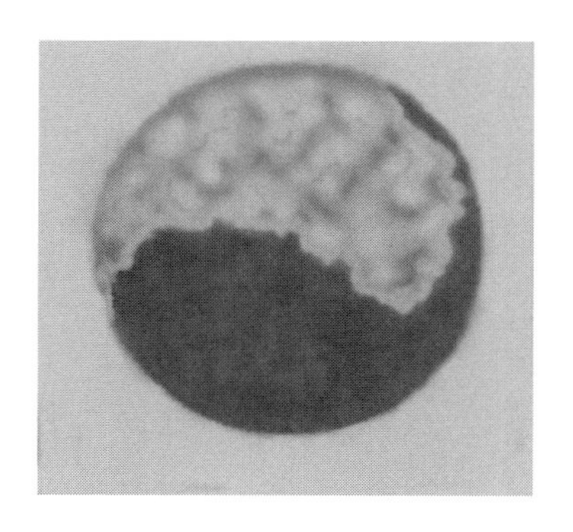

図 10.6　エンジンにおける燃焼のシュリーレン写真
（白い部分が燃焼したところ）

Column　間接撮影の具体例

燃焼写真を撮影する間接撮影というのは一般的な写真と異なり，平行光源が密度の異なる燃焼ガスを通過するときの光の屈折を利用する．

燃焼ガスの撮影を可能にする光の屈折は，つぎのような簡単な実験でも理解できる．うす暗い部屋の中に鏡で平行光源として太陽光を導き，この通路にガスライターの炎をかざす．すると，炎のゆらぎを透過した光の映像によって見ることができる．

このように，密度変化のある空気中の光の屈折現象は身近な現象であり，炎天下の道路で見られる逃げ水や身近ではないが蜃気楼もこの現象である．

10.1.9　データ収録装置

燃焼圧力など，エンジン内の現象は高速であるとともにサイクルごとに少しずつ変動するので，得られるデータを統計処理する必要がある．電気信号に変換されているデータは統計処理を行いやすい．電気信号はディジタル量に変換してパソコンなどで記録し，解析に利用する．

10.2 エンジンの評価項目

エンジンに対しては出力はもちろんのこと，その使用目的に応じてエンジンの評価を行う必要がある．エンジンの性能評価としては，従来は出力が大きければ良いとされる時代があったが，最近では資源の有効利用や公害問題などから，図 10.7 に示すように**出力性能**，**燃費性能**（熱効率），**低公害性**の三つがもっとも重要な評価項目となっている．これ以外にもエンジンの実用化にあたっては，排気量あたりの出力や信頼性，耐久性，価格などの多くの項目について評価する必要がある．

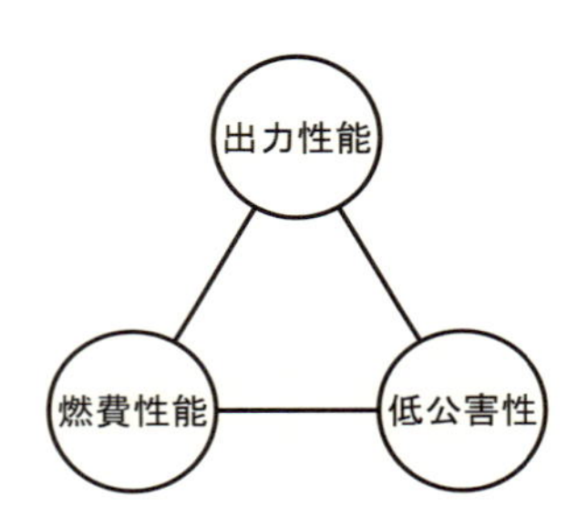

図 10.7 エンジンの評価項目

低公害性は主として排気ガスに含まれる有害成分の問題であるが騒音も含まれる．エンジンの排気ガス中には人間の健康に直接影響する一酸化炭素 CO，窒素酸化物 NO_x，炭化水素 HC があるが，これ以外にも微粒子（PM）などが公害源となる．さらに，地球の温暖化に対しては二酸化炭素 CO_2 の対策も評価の対象となる．

10.2.1 出力性能の評価項目

（1） 出力とトルク

出力性能としては，出力（仕事率）とトルクの大きさがもっとも重要視されるが，用途によっては最大出力や最大トルクを発生する回転数，トルクや回転数の変動，負荷に対する出力の応答性などの細かい特性が評価の対象となる．とくに自動車に用いられるエンジンでは使用する回転数の範囲が広いため，利用しやすさという観点からは広い回転数範囲でトルクが一定であることが好ましい．出力，トルクと回転数の具体例は第 3 章に示したとおりである．

（2） 比出力，質量あたりの出力

エンジンを評価する場合に，行程容積の異なるエンジンの出力をそのまま比較する

と，エンジンの行程容積が大きいものほど有利となるため，最大出力の絶対値だけで評価することは適当ではない．そこで単位排気量あたりの出力である比出力，単位質量あたりの出力を用いて評価する．

（3）　比出力の具体例

比出力は，同一分野のエンジンを比較する場合に用いる．ほかにも，たとえばガソリンエンジンとディーゼルエンジンの特徴をつかむ場合にも利用できる．図 10.8 はガソリンエンジンの比出力の例である．図(a)は，ガソリンエンジン（4 サイクル，2 サイクル）の比出力例で，図(b)は，小型～大型トラックや乗用車に使われているディーゼルエンジンの比出力である．図(c)は，船舶に使われる超大型のディーゼルエンジンの比出力である．

ガソリンエンジンでは 30～100 kW/L 程度で，小～大型のディーゼルエンジンでは 10～30 kW/L，超大型のディーゼルエンジンでは 3～10 kW/L 程度である．

Column　エンジンの比出力の最大値

エンジンの比出力は，回転数が高速まで可能であるガソリンエンジンが大きい．とくに，燃費や排気ガスを考慮しないレースに使用するエンジンでは 280 kW/L というものもある．単純に計算すれば，コンパクトカーに使用するエンジンの 4～5 倍にもなる．ただし，一般のエンジンに搭載しても，非常に使用しにくいエンジンであるし，出力はあっても排気ガス規制には対応できない．

このような高出力を追及したエンジンの性能は，別に行われる燃費や排気ガス対策の研究と共につぎに使われるエンジンにその技術が反映される．

10.2.2　燃　費

燃料消費率（燃費率）［g/(kWh)］は，単位出力で単位時間運転したときに消費する燃料の質量で表される．石油系燃料では，ガソリンでも軽油でも発熱量はほぼ同じであるので，燃料消費率はそのまま熱効率の逆数である．

（1）　燃費による比較

ガソリンエンジンにおける燃料消費率の例を図 10.9(a)に，小～大型ディーゼルエンジンの場合を図(b)に，超大型ディーゼルエンジンの場合の例を図(c)に示す．

ガソリンエンジンでは 250～500 g/(kW·h) であるが，4 サイクルのエンジンのほうが 2 サイクルエンジンに比べて燃料消費率は少ない．ディーゼルエンジンでは，船舶に用いられる超大型エンジンでは 150 g/(kW·h) という非常に低い値であり，一般的なガソリンエンジンのそれの約半分である．船舶用のエンジンでは燃料費が海上輸送

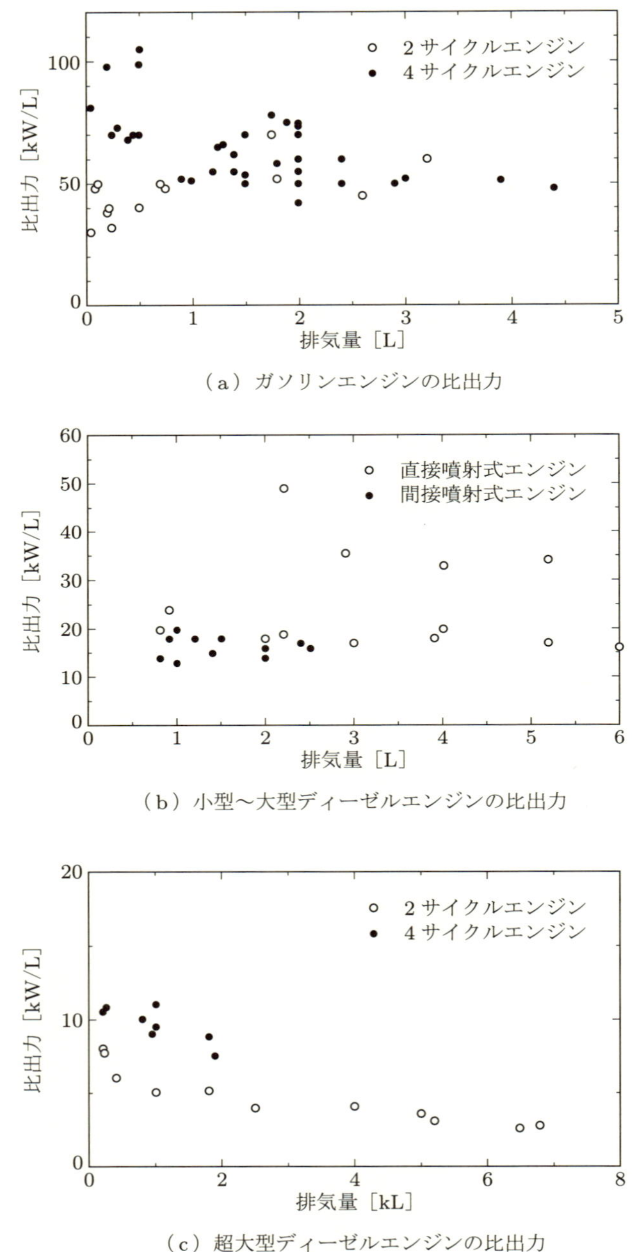

図 10.8　エンジンの比出力

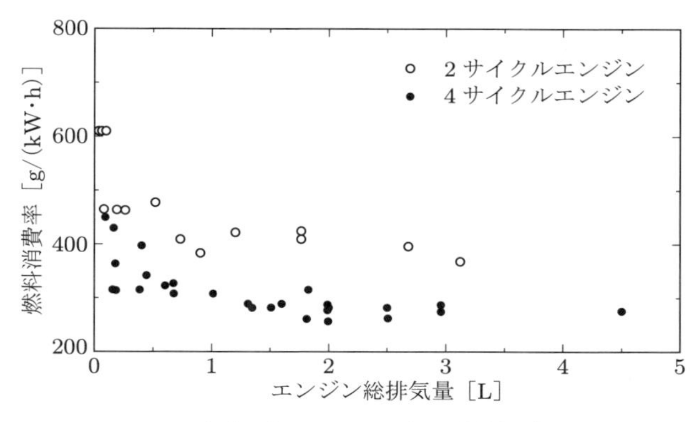

（a）ガソリンエンジンの燃料消費率

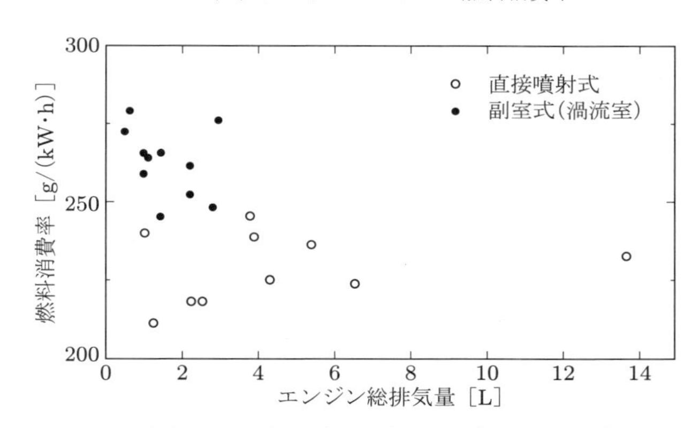

（b）小型～大型ディーゼルエンジンの燃料消費率

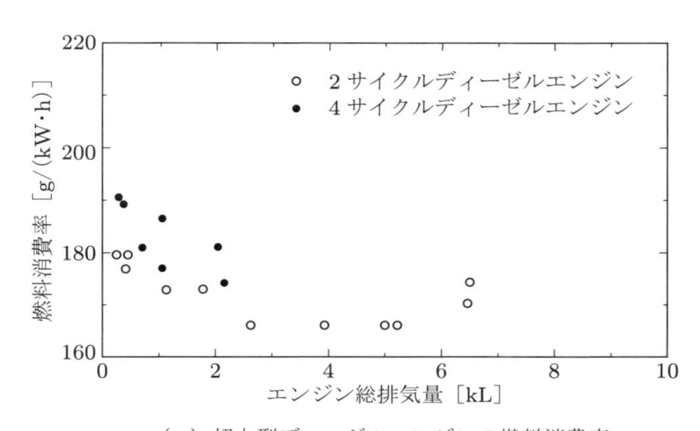

（c）超大型ディーゼルエンジンの燃料消費率

図 10.9 エンジンの燃料消費率

の経費の大きな部分を占めるので重要な評価基準となる.

小〜大型ディーゼルエンジンの例でわかるように，副室式の燃焼室に比べて直接噴射式が燃料消費率が少ない（熱効率が良い）ことを示している．また，ガソリンエンジンの燃料消費率の低いものはディーゼルエンジンに匹敵する値である.

例題 10.1 副室式ディーゼルエンジンは直接噴射式のエンジンに比べて燃料消費率が大きい（熱効率が悪い）のはなぜか，説明しなさい.

［解］ 副室式エンジンでは，燃焼ガスが主室と副室をつなぐ連絡孔を通過するときに熱損失が発生して熱効率が下がる．この事実は本文の小〜大型ディーゼルエンジンの燃料消費率の比較でも明らかである．ただし，副室式エンジンの燃焼騒音は，直接噴射式エンジンに比べると低いこと，使用可能な回転域が広いこと，などのメリットがある.

10.2.3 排気ガスの有害成分

（1） 排気ガス成分と環境汚染物質

炭化水素を燃料とするエンジンの主な排気ガス成分は，二酸化炭素 CO_2，水蒸気 H_2O，一酸化炭素 CO，窒素 N_2，酸素 O_2 と微量の窒素酸化物 NO_x（nitrogen oxides），未燃炭化水素 HC（unburnt hydrocarbons）と微粒子（PM：particulate matter）である．このうち直接体に有害であるとされて排出量が規制されているのは CO，HC，NO_x，微粒子である．また，地球温暖化の大きな因子とされている CO_2 も問題である.

（2） 排気有害成分の生成機構

図 10.10 に，4 サイクルガソリンエンジンにおいて混合比を変化させた場合に発生する CO，HC，NO_x 濃度の関係を示す.

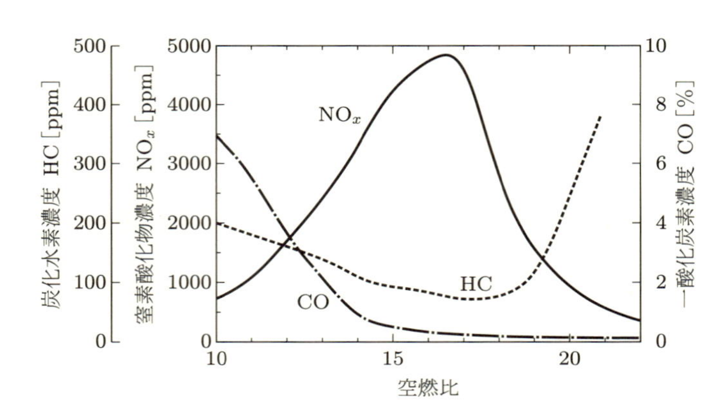

図 10.10 空燃比と排気ガス成分濃度の関係

（a） CO，HC　理論混合比付近で完全燃焼が行われる場合には，CO と HC の排出量は非常に少ない．CO と HC が発生する主な原因は，酸素不足による不完全燃焼である．燃料が少ない条件である混合比が希薄側ではほとんど生成しないが，燃料が多い過濃側では燃料が十分燃焼できないために急激に多くなる．

HC は，未燃燃料が主で燃焼の中間生成物も含まれる．HC は酸素不足の不完全燃焼で多く発生するが，理論混合比付近の燃焼であっても少量の HC は出る．この原因は燃焼室の壁面に非常に近い場所では混合気が冷却され，燃焼できない消炎という現象が起こり，これが排気行程でエンジン外に排出されるためである．また，混合比が極端に薄い場合には燃焼できない（失火）ことがあり，大量の HC が排出される．

（b） NO_x　窒素は本来は反応しにくい分子であるが，酸素が十分にある，高温である，という条件がそろうと，酸化されて NO_x となる．そのため，酸素が十分に存在し，かつ燃焼温度も高く保たれる理論混合比の付近や，少し希薄側で発生量が最大となる．CO，HC は完全燃焼に近い条件では発生が少ないが，このような条件で NO_x は多く発生するため，燃焼条件の制御だけでこれらのすべての有害成分を同時に少なくすることはできない．

（c） PM　PM はほとんどの場合，ディーゼルエンジンの燃焼での問題であり，ガソリンエンジンの燃焼で問題になることはまずない．ディーゼルエンジンの燃焼では，普通は燃料を燃やすのに必要な空気（酸素）は十分にある．つまり，シリンダー内全体としての混合比は燃料が薄い条件下にある．しかし，ディーゼルエンジンの燃焼のような拡散燃焼では，燃料の分布は不均一で実際に燃焼している部分では理論混合比より燃料が多い濃い混合気の状態で燃焼している部分もあり，微粒子が発生してしまう．ディーゼルエンジンではごく低負荷の場合を除いて，PM の発生を完全に抑えることは困難である．

（3） 排気ガス成分の有害性

人体に直接害を及ぼす排気ガス成分は，CO と NO_x である．CO は O_2 よりも血液中のヘモグロビンと結合しやすいため，酸素不足となり，ひどい場合には意識障害を起こしたり人命にかかわったりする．NO_2 の具体的な害は目に刺激があったり，気分が悪くなったり，喘息に似た症状になることなどである．

1945 年頃に米国ロサンゼルスで霧のような光化学スモッグが発生した．その原因は，NO_x と HC が太陽の紫外線によって光化学反応を起こし，アルデヒドなどの有害物質になったためとされている．光化学スモッグは，大気中の NO_x 濃度が高いこと，無風に近いこと，太陽光線が強いことが発生条件となるため，自動車の交通量の多い大都市部とその周辺で春から秋にかけて発生しやすい．

（4）　自動車用エンジンの排気ガスの規制

自動車による大気汚染を防止するために，日本や米国などでは1976年から排気ガス中のCO，HC，NO_x の排出量を規制した．日本における自動車用エンジンの排気有害成分の規制値を表10.1に示す．排出ガス有害成分量の測定モード（運転条件）例を図10.11に示す．

排気ガスの有害成分を測定するモードは，エンジンの種類や大きさなどによって異なる．小型の自動車に適用されている測定モードは，JC08とよばれる図10.11のようなパターンであり，最低速度は停止（アイドリング）から最高速度は81.6 km/hまで，実用に近い1204秒で試験を行う．なお，エンジンが冷えた状態のJC08Cとエンジンが温まった状態のJC08Hの合計で評価される．

規制値は規制する時代によって試験方法が異なる．最近は規制値そのものはほとんど変わっていないが，テストモードが大きく変わって，実用条件に近くなっており，実質はより厳しい規制になっている．

表10.1　排気ガス規制値

排気ガス成分	ガソリン乗用車 規制値［g/km］	ディーゼル重量車 規制値［g/km］
CO	1.15	2.22
NMHC	0.05	—
HC	—	0.17
NO_x	0.05	0.7
PM	（0.005）	0.01

注1）ガソリン乗用車の試験モードはJC08H+JC08Cコンバインモード
　2）ディーゼル重量車の試験モードはJE05コンバインモード
　3）NMHCとはメタン以外の炭化水素

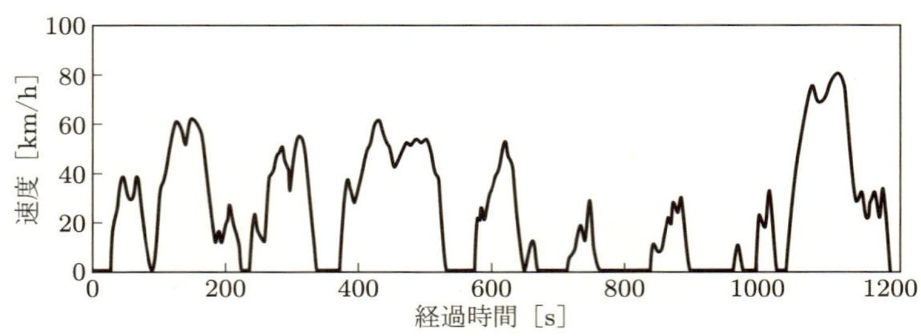

※ パターンは同じであるが，ホットスタートモードとコールドスタートモードがある．
※ 平均速度24.4 km/h，最高速度81.6 km/h，時間1204秒

図10.11　排気ガス測定モードの例

また，ディーゼル車については，ガソリン車に比べてとくに NO_x の規制値がゆるかったが，最近は厳しくなってきた．また，ディーゼル車に対する PM の規制が厳しくなっている．これらの規制値は，環境汚染，技術開発，経済性などを総合的に判断して決められているが，どこに重点を置いて規制していくかは重要な課題である．

（5） ガソリンエンジンの排気有害成分と対策

（a） エンジンにおける排気ガス対策　CO は，燃料が多く，酸素の少ない混合比の場合に起こる不完全燃焼によって生成される．したがって，CO 削減の対策は，濃い混合比で運転しないように混合比を制御することである．現在は電子制御によって空燃比の制御が比較的正確に行われている．吸気側で正確な空燃比の設定が行われると同時に，排気ガスを分析しながらその結果をフィードバックして空燃比を制御することが多いので，CO の生成は比較的少なく抑えられる．

HC は，理論混合比付近では燃焼そのものによってはあまり発生しない．理論混合比付近で運転した場合の発生原因は，燃焼室の壁面近くで燃焼できない混合気があることによる．したがって，燃焼室の表面積を少なくすること，燃焼室の壁面温度を高くすることによって，HC 濃度を低下させることができる．また，減速したり坂道を下る場合などのように出力がほとんど必要ない場合には，燃費の向上を含めて燃料の供給を止める方策もある．

燃焼中の NO 発生の主な原因は，燃焼が高温であることと十分な酸素があることである．したがって，NO 発生を抑制するためには燃焼温度を下げ，かつ燃焼ガス中の余剰酸素を減らせばよい．このために排気ガスの一部を吸気系に戻す**排気ガス再循環**（exhaust gas recirculation：**EGR**）が行われる．充てん気中に不活性な排気ガスが混入することにより，シリンダー内の混合気の熱容量が増えて燃焼最高温度が低下する．これによって，NO の発生が抑えられる．NO の生成は化学反応のため，温度に非常に敏感であり，わずかな温度低下でも NO 削減効果は大きい．この効果の実験例を図 10.12 に示す．

（b） エンジン外での排気ガス処理　エンジン内の燃焼方法の対策だけでは十分に有害成分を削減することは困難であるので，現在では燃焼の制御とともに触媒を用いてエンジンの外で排気ガス処理を行う．使用する触媒の多くは**三元触媒**（three way catalyst）といわれるもので，主成分は白金とロジウムであるが，最近は価格の安い金属を成分としたものも開発されている．この触媒は図 10.13 に示すように，混合比が理論混合比付近の狭い範囲で排気ガスの浄化率が高い．このため，この触媒を機能させるためには空燃比の正確な制御が必要条件となる．

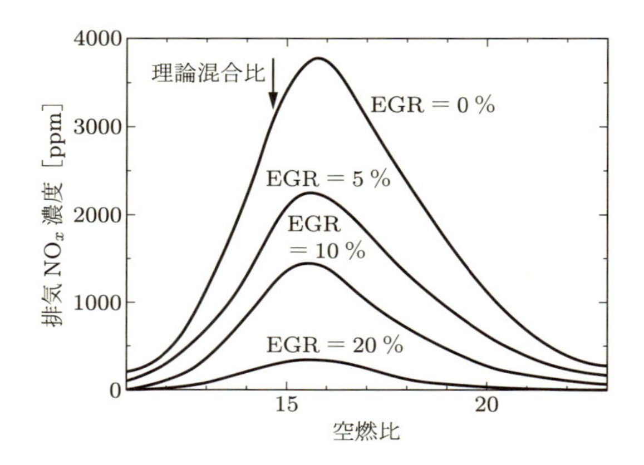

図 **10.12** EGR による NO_x 削減効果

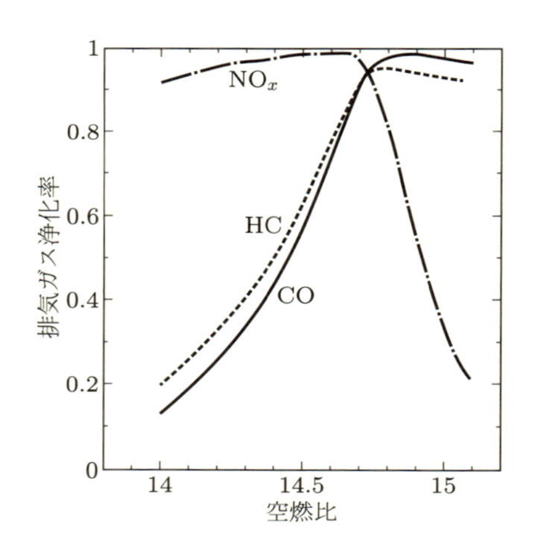

図 **10.13** 触媒の浄化率と空燃比の関係

例題 10.2 エンジンの中での NO_x の発生は化学反応なので，その生成量は温度によって大きく変化する．ある運転条件で燃焼温度が 2000°C であり，NO_x の発生濃度が 5000 ppm であるとする．EGR を行ってその濃度を 1000 ppm に下げたい．EGR の効果は燃焼温度が 100°C 下がるごとに NO_x の発生濃度が 1/2 になるとして，EGR をする追加割合を推定しなさい．ただし，排気ガスの比熱は $c_e = 1.20$ [kJ/(kg·K)]，混合気の比熱は $c_m = 0.80$ [kJ/(kg·K)] で組成や温度に関係なく一定であるとする．

［解］ まず，1000 ppm にするための温度条件を求める．減少率 R は

$$R = \frac{1000}{5000} = 0.2$$

である．これが100°Cの数をnとすると，$n \times 100$°C分の減少割合であるから，つぎのようになる．

$$0.5n = 0.2$$
$$\therefore \quad n = 2.32$$

つまり，燃焼温度が232°C下がるようにEGRを行う必要がある．すなわち，燃焼温度を

$$2000 - 232 = 1768\ [°\mathrm{C}]$$

となるようにする．この温度まで下げるために必要なEGRとして追加する排気ガスの割合をEとする．

簡単のために，燃焼温度は比熱と発熱量だけによって決まるとすると，初めの燃焼条件での温度は混合気の発熱量をH_u，定数をkとして，

$$T = k \cdot \frac{H_u}{c_m}$$

の関係が成り立つ．したがって，つぎのようになる．

$$k = T \cdot \frac{c_m}{H_u} = 2000 \cdot \frac{0.80}{H_u}$$

EGRを行った場合の燃焼温度は$T_x = 1768$なので，

$$T_x = k \cdot \frac{H_u}{c_m + c_e \cdot E} = 2000 \cdot \frac{0.80}{H_u} \cdot \frac{H_u}{c_m + c_e \cdot E}$$

となり，これを解いてつぎのように求められる．

$$E = 0.088$$

EGRの追加量は8.8%である．

（6） ディーゼルエンジンの排気有害成分と対策

ディーゼルエンジンで問題となる有害成分はNO_xとPMである．ディーゼルエンジンにおける燃焼は，シリンダー全体では希薄混合気であるため，COの排出は比較的少ない．また，ガソリンエンジンで問題となる燃焼室壁面付近での消炎による未燃のHCも，壁面近くに燃料が少ないため，排気ガス中のHC濃度は低い．

一方，実際に燃焼している部分が理論混合比に近い条件での燃焼であるため，窒素酸化物NO_xは多く発生する．また，燃料の噴霧が蒸発，混合して燃焼するという拡散燃焼のため，不完全燃焼で発生するPMの生成は避けられない．

PMは人間に対して呼吸器への問題を起こすとともに，PMに含まれる成分に発がん性物質が多く含まれているとされており，微量でも有害である．

（a） エンジンにおける対策　ディーゼルエンジンでは，主な排出有害成分である NO_x と PM を両方とも低減しなければならない．燃焼を良くして PM の発生を少なくすると NO_x が多くなる問題があり，同時に低減することは難しい．

燃焼の形式だけでは対応は困難であるが，窒素酸化物を減らすために，ガソリンエンジンと同じように，不活性な排気ガスの一部をシリンダーに戻す EGR（排気ガス再循環）によって燃焼温度を下げる対策もとられている．

PM の低減に対しては，できるだけ燃料の少ない希薄状態で燃焼させることが好ましい．しかし，燃料が少ないと，出力が十分に出せないという問題もある．

熱効率はやや下がるものの，圧縮比を低めにして燃焼温度を下げ，NO_x を下げる方策も一部で行われている．

（b） エンジン外での排気ガス処理　ディーゼルエンジンの NO_x については，シリンダー内全体としては燃料の少ない希薄状態で燃焼を行っているので，エンジンから排出された後で，ガソリンエンジンのように理論混合比付近でのみ作用する三元触媒を利用することはできない．尿素を用いた触媒が有効であるが経費の課題がある．

エンジンから排出された PM を排気管の部分で捕集する装置（パーティキュレート・トラップ）が PM の低減に有効である．しかし，装置で捕集した PM を取り除く方法が問題で，一般には再燃焼させて除去する場合が多いが，再燃焼させる方法と時期（時間）が問題である．さらに，この除去装置は高価であるため，経済的な見地からもなお改善の必要がある．

10.3 エンジンの燃費対策と将来性

（1） ハイブリッド自動車

燃費の良い自動車としてハイブリッド自動車がある．ハイブリッド自動車とは複数の動力源をもつ自動車という意味で，エンジンとモーターを組み合わせた動力源を載せた自動車である．

ハイブリッド自動車について，動力発生からタイヤの駆動までの模式図を図 10.14（a）に示す．通常の自動車では A のエンジンから力を得て，これをタイヤの駆動力 D にしている．一方，ハイブリッド自動車では，A のエンジンで B の発電機を回し，ここで発生した電力で C のモーターを回し，D の駆動力にしている．ハイブリッド自動車での A－B－C－D の経路は A－D の経路より多くの装置を経由しているから，仮に B－C－D の変換効率が 100％であっても A－D の効率と同じで，A－B－C－D の経路の効率が A－D を上回ることは決してない．

では，なぜ燃費が良いという結果になるのだろうか．それは，エンジンの良いとこ

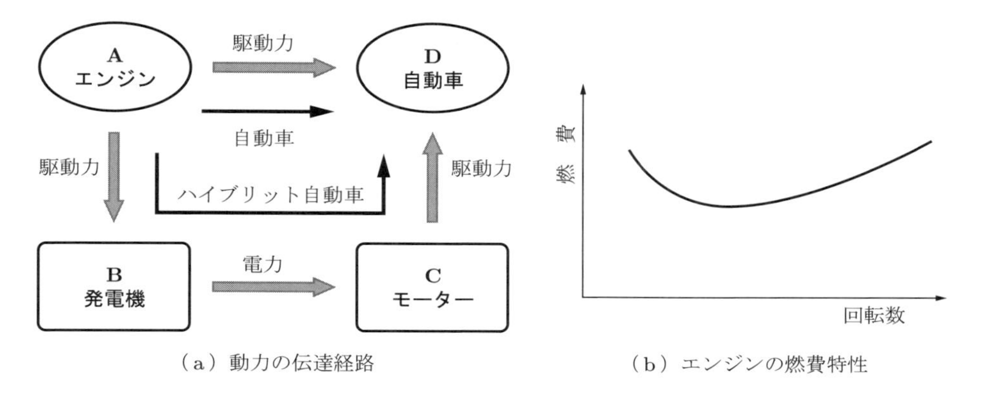

（a）動力の伝達経路　　（b）エンジンの燃費特性

図 10.14　ハイブリッド自動車の効率のイメージとエンジンの燃費特性

ろとモーターの良いところを使用しているからである．エンジンの良いところとは，エンジンで効率が良い回転数などの条件（だいたい中速域）があることであり，ここを重点的に利用する（図 10.14(b)）．エンジンは低速では効率が悪く，またトルクも小さい．一方，モーターは低速でのトルクが大きい．

実際の自動車の運転条件ではこの低速域が多いため，この条件でトルクの大きいモーターを利用すると使用条件全体としての効率が良くなる．これがハイブリッド自動車の燃費が良い理由である．

もちろんすべての条件で効率が良いわけではないし，1 台の自動車に複数の動力源を載せることは，製造するときの経済面や重量面ではデメリットである．

（2）　将来の動力源

人や物を移動させる自動車，バス，船舶などの現在の動力源の主体はエンジンである．

一方，枯渇化が心配されている石油系の炭化水素は原油の可採年数も含めて，シェールオイルの実用化など，当面の利用量は確保された．もちろん，問題は解決されているわけではなく，地球温暖化の原因といわれている CO_2 の削減を考えると，いつまでも炭化水素燃料に頼っているわけにはいかない．

次世代の自動車用の動力源として有望なものは，燃料電池で発生させた電気エネルギー，または電池に充電した電力を使用したモーターである．燃料電池で解決しなければならない課題は，燃料である水素の製造方法や価格，水素の供給方法，燃料電池自体の性能や価格である．電気自動車では電池の性能向上とともに，使用する（充電する）電力の発生方法の効率や低公害性も考慮しなければならない．

演習問題［10］

10.1　動力を計測する方法の一つとして吸収式の動力計がある．吸収されたエネルギーは結局どのような形でどこにいくことになるか，説明しなさい．

10.2　エンジンの圧力計測はなぜ重要なのか，また，指圧計に要求される条件を説明しなさい．

10.3　ガスの分析によく利用されるガス特有の赤外域での吸収波長があるが，例として NO と CO についてその吸収波長を調査しなさい．

10.4　火炎などを撮影するシュリーレン法の計測原理を説明しなさい．また，シュリーレンストップがない形式の計測方法との違いを説明しなさい．

10.5　エンジンを評価する場合にもっとも重要な項目を三つ挙げなさい．

10.6　比出力とはどのような定義で，どのような意味があるかを説明しなさい．

10.7　排気ガス中の CO，HC，NO_x の発生原因について説明しなさい．

10.8　排気ガス中の NO_x を減らす手段の中でシリンダー内で対応する方法の原理を説明しなさい．

10.9　ディーゼルエンジンの煙（PM）の発生機構とその削減対策について述べなさい．

演習問題解答

第1章

1.1　高熱源には燃焼ガス，低熱源には大気を用いている．

1.2　燃焼室は部品の名前ではなく，空間の名前である．シリンダー，シリンダーヘッド，ピストンに囲まれた空間で，ここで燃料を燃焼させて熱エネルギーを発生させる．

1.3　フライホイールは，エンジンの出力エネルギーの一部を蓄えておくためのはずみ車である．その役目は，①エンジンの膨張行程以外で消費するエネルギーをまかなう，②エンジンの回転をスムーズにする，ことである．

1.4　燃焼室で燃料を燃焼させてシリンダー内の作動ガスの圧力を上げる．この力でピストンを押し下げ，その力をコンロッドを経由してクランクシャフトの回転力にする．

1.5　2サイクルエンジンでは，排気と吸気がほぼ同じ時期に行われる．シリンダーの中の圧力がまだ少し高いうちに，吸気を行う必要がある．そのために，新気は加圧して供給され，この新気が残った燃焼ガスを追い出す効果もある．つまり，新気が残った燃焼ガスを押し出す効果もあるため，掃気とよばれる．

1.6　燃焼を行っている時期は上死点付近の短い時期である．行程というのはピストンの一方向の動きをいう．つまり，燃焼の期間は行程のごく一部分であるので，行程として独立して定義していない．

1.7　（1）燃焼方式で分類すると，ガソリンエンジンの予混合燃焼とディーゼルの拡散燃焼に分けられる．（2）点火方式では，ガソリンエンジンの火花点火（電気火花）とディーゼルエンジンの圧縮点火に分けられる．（3）エンジンの熱力学的なサイクルとしては，オットーサイクル，ディーゼルサイクル，サバテサイクルの3種類に分類される．

1.8　行程容積 V_s は，シリンダー直径を D，行程を S としてつぎのように求められる．

$$V_s = \frac{\pi}{4} D^2 \cdot S \cdot 10^{-6} = \frac{\pi}{4} 80^2 \times 90 \times 10^{-6} = 0.452 \text{ [L]}$$

すきま容積 V_c は与えられているから，圧縮比 ε は定義からつぎのように求められる．

$$\varepsilon = \frac{V_s + V_c}{V_c} = \frac{0.452 + 0.05}{0.05} = 10.0$$

排気量 V はシリンダー数が4であるからつぎのようになる．

$$V = V_s \times 4 = 1.81 \text{ [L]}$$

第2章

2.1　圧縮比 ε はその定義から，行程容積を V_s，すきま容積を V_c とし，ストロークを L_s と燃焼室上部のわずかなすきまの高さを L_c とおけば，つぎのように求められる．

$$\varepsilon = \frac{V_s + V_c}{V_c} = \frac{(\pi/4)D^2 \cdot L_s + (\pi/4)D^2 \cdot L_c}{(\pi/4)D^2 \cdot L_c} = \frac{L_s + L_c}{L_c}$$

$$\therefore \quad L_c = \frac{L_s}{\varepsilon - 1} = \frac{90}{10 - 1} = 10 \text{ [mm]}$$

2.2 本文のオットーサイクルの理論熱効率の式(2.31)に，圧縮比 $\varepsilon = 8.0$ を代入して計算する．この場合，式からわかるように行程容積は関係ないことに注意すること．比熱比 κ は空気なので 1.4 である．

$$\eta_{th} = 1 - \frac{1}{\varepsilon^{\kappa - 1}} = 0.565$$

2.3 オットーサイクルの理論熱効率は式(2.31)である．空気の比熱比 $\kappa = 1.4$ とすれば，$\varepsilon = 6.0$ の場合は $\eta_6 = 0.512$ であり，$\varepsilon = 10.0$ の場合は $\eta_{10} = 0.602$ となり，理論熱効率は約 9%向上させることができる．このように圧縮比は熱効率の向上に有効であることがわかる．

2.4 サバテサイクルの理論熱効率の式(2.50)に数値を代入して

$$\eta_{th} = 1 - \frac{3.2^{1.4} \times 2.0 - 1}{200^{1.4-1}[(3 - 1) + 1.4 \times 2(3.2 - 1)]} = 0.613$$

となる．この場合は圧縮比が高いので，前に求めた $\varepsilon = 10$ の場合のオットーサイクルの熱効率より高い．

2.5 仕事は $p \cdot dV$ の積分であり，圧縮，膨張時は断熱変化であるから，$pV^{\kappa} = C$ で表され，それぞれの定数 C_1，C_2 は

$$C_1 = 2.819, \qquad C_2 = 4.380$$

となる．よって仕事 W は

$$W = (C_2 - C_1) \times 70.237 = 109.6 \text{ [J]}$$

となり，熱効率はつぎのように求められる．

$$\eta_{th} = \frac{109.6}{190} = 0.577 = 57.7\%$$

2.6 圧縮行程での仕事を W_c，一定圧での燃焼中の仕事を W_p，膨張行程での仕事を W_e とすると，それぞれ

$$W_c = -2457.15 \text{ [J]}, \qquad W_p = 1385.35 \text{ [J]}, \qquad W_e = 4272.28 \text{ [J]}$$

となる．よって，1 サイクルの仕事はつぎのように求められる．

$$W = W_c + W_p + W_e = 3200.5 \text{ [J]}$$

また，理論熱効率は式(2.44)より

$$\eta_{th} = 0.660$$

であるから，1 サイクルに供給された熱量 Q_{in} は，つぎのように求められる．

$$Q_{in} = \frac{3200.5}{0.660} = 4849\ [\mathrm{J}]$$

2.7 まず圧縮終わりの②の状態を求める．圧縮は断熱で行われるから

$$p_1 {v_1}^{\kappa} = p_2 {v_2}^{\kappa}$$

$$p_2 = p_1 \left(\frac{v_1}{v_2}\right)^{\kappa} = p_1 \varepsilon^{\kappa} = 0.1 \times 16^{1.4} = 4.85\ [\mathrm{MPa}]$$

温度は

$$T_2 = T_1 \left(\frac{v_1}{v_2}\right)^{\kappa-1} = T_1 \varepsilon^{\kappa-1} = (20 + 273) \times 16^{0.4} = 888\ [\mathrm{K}]$$

となる．つぎに③の状態を求める．圧力は等圧変化であるから

$$p_3 = p_2 = 4.85\ [\mathrm{MPa}]$$

となり，温度は等圧膨張比の定義を用いて，つぎのように求められる．

$$T_3 = \rho T_2 = 2.5 \times 888 = 2220\ [\mathrm{K}]$$

2.8 （1） 吸入終わりを①，圧縮終わりを②，等容燃焼終了時を③，等圧燃焼終了時を④，断熱膨張後を⑤とする．行程容積が 800 cc，圧縮比が 16 であることから，すきま容積は 53.3 cc となる．②の状態は①からの断熱圧縮であるから，$p_1 {v_1}^{\kappa} = p_2 {v_2}^{\kappa}$ より $p_2 = 0.125 \times 16^{1.4} = 6.06$ [MPa]．温度は $T_2 = T_1 \cdot \varepsilon^{\kappa-1} = 888$ [K]，体積は 53.3 cc．③の状態は②から 0.3 MPa の圧力上昇だから $p_3 = p_2 + 0.3 = 6.36$ [MPa]，温度は等容変化だから $T_3 = T_2(p_3/p_2) = 932$ [K]，体積は 53.3 cc．④の状態は③から 500°C の温度上昇だから，$T_4 = T_3 + 500 = 1432$ [K]，等圧変化だから $p_4 = 6.36$ [MPa]，体積は $v_4 = v_3(T_4/T_3) = 53.3 \times 1.536 = 81.9$ [cc]．⑤の状態は断熱膨張だから体積は下死点だから 853.3 cc，$p_5 = p_4(v_4/v_5)^{\kappa} = 0.239$ [MPa]，$T_5 = T_4(v_4/v_5)^{\kappa-1} = 561$ [K]．

（2） 等容燃焼比は $\lambda = p_3/p_2 = 6.36/6.06 = 1.05$，等容膨張比は $\rho = v_4/v_3 = 81.9/53.3 = 1.54$ となる．

2.9 吸入空気の温度上昇は主として，①密度が低くなり，吸入できる空気量（体積効率）が低下する，②吸入行程で熱が空気に伝わるので，吸入空気の温度が上がる．これによって，圧縮後の温度も上昇する．つまり，燃焼が活性化されることなどが考えられる．

第3章

3.1 出力は $L = 2\pi nT/60 = 2 \times 3.142 \times 4000 \times 250/60 = 104.7$ [kW] となる．

3.2 トルクは主として吸入空気量に比例する．比較的使用頻度が高く，かつトルクを必要とする中速域で吸入空気量が大きくなるように設計される．低速の運転条件では，下死点直後ですでに十分な空気が入っていて，その後，吸気弁が閉じるまでの期間では新気の逆流が起こり吸入空気量が減少してしまう．高速では吸入速度の限界により，吸気弁閉時期にはまだ十分に新気が吸入できていない状態であり，やはり吸入空気量は減少する．したがって，中速域でトルクが大きく，それ以外では低下する．

3.3 出力の定義は (回転数) × (トルク) という形である．したがって，仮にトルクが回転数によらずに一定であるとすれば，出力は回転数に比例して全回転域で増加する．実際には

3.1.1 項のトルクの説明のように，高速で回転数の増加以上にトルクが減少するので，出力も最高回転の 1 割程度低い回転数付近から低下する．

3.4 燃料の量を計算するために，まず吸入空気量を求める．

$$2.00 \times 10^{-3} \times 1.292 \times 3000/60 \times 0.85/2 = 0.0549 \text{ [kg/s]}$$

よって，1 秒間あたりの燃料の質量 M_f は空燃比 15 より，つぎのように求められる．

$$M_f = 3.43 \text{ [g/s]}$$

1 秒間あたりの燃料の発熱量 Q_{in} は，単位質量あたりの発熱量を掛けてつぎのようになる．

$$Q_{in} = 150.9 \text{ [kJ/s]}$$

一方，トルクが回転数 3000 rpm で 150.0 N·m であるから出力は，つぎのように求められる．

$$L = \frac{2\pi nT}{60} = \frac{2 \times 3.142 \times 3000 \times 150.0}{60} = 47.12 \text{ [kJ/s]}$$

よって，$\eta_e = L/Q_{in} = 0.312 = 31.2\%$.

3.5 理論熱効率を η_{th}，線図係数を η_g，等価圧縮比を ε とすると，つぎの関係式が成り立ち，数値を代入すれば求められる．

$$\eta_{th} \cdot \eta_g = 1 - \frac{1}{\varepsilon^{\kappa-1}}$$

$$\therefore \quad \varepsilon = \exp\left(\frac{1}{\kappa-1} \ln \frac{1}{1-\eta_{th} \cdot \eta_g}\right) = 5.17$$

3.6 摩擦熱はピストンとシリンダーに伝達され，ピストンの熱は一部はシリンダーへ，一部は潤滑油へ伝達される．シリンダーへ伝わった熱は空冷エンジンでは外気へ，水冷エンジンではラジエーターを経てやはり外気へ放出される．潤滑油への熱もエンジン各部を回りながら最終的には熱伝達や放射熱伝達で外気へ放出される．したがって，摩擦による熱は熱勘定上は通常の冷却損失と考えればよい．

3.7 仮に燃焼が終了したときの温度が同じであるとすると，排気損失となる膨張終りの温度はオットー，ディーゼル，サバテのどのサイクルでも式(2.30)，(2.42)，(2.53)などでわかるように，圧縮比が因子であることがわかる．圧縮比が大きければ，膨張終りの温度が下がり，排気損失が小さくなる．これは理論熱効率の式で圧縮比が大きくなると熱効率が上がる，という説明と同じことである．

3.8 標準状態での空気密度 ρ_0 は

$$\rho_0 = 1.292 \times \frac{743}{760} \times \frac{273}{25+273} = 1.157 \text{ [kg/m}^3\text{]}$$

となり，標準状態で行程容積を占める基準重量 M_0 は，つぎのようになる．

$$M_0 = 500 \times 10^{-6} \times 1.157 = 0.579 \text{ [g]}$$

一方，吸入新気の 1 サイクルあたりの質量 M_d はつぎのように求められる．

$$M_d = \frac{16.2}{4000/60/2} = 0.486\ [\mathrm{g}]$$

よって，$\eta_c = M_d/M_0 = 0.839 = 83.9\%$.

第4章

4.1 ①ガス燃料，LPG：沸点 −160°C から常温．エンジンにはほとんど利用されない．わずかに LPG が一部のガソリンエンジンに使用される．

②ナフサ：沸点 30〜180°C．ガソリンエンジンの燃料のガソリンがここに含まれる．

③灯油：沸点 150〜250°C．いわゆる灯油で家庭用燃料が主体．エンジンには使用されない．

④軽油：沸点 190〜350°C．主に中・高速用ディーゼルエンジンの燃料である．

⑤重油：沸点 200〜600°C．主に低速用ディーゼルエンジンの燃料である．

4.2 石油系燃料で重要な性質はつぎの 4 項目である．

①発熱量：燃料でもっとも重要な因子．燃焼したときに単位質量あたりに発生できる熱量．

②密度：必要な発生熱量に対してどれだけの質量または体積が必要かという評価や燃料の分散などに関係する因子．

③気化性：燃料が空気と混合する状態を支配する因子．

④粘度：とくにディーゼルエンジンの燃料噴霧の粒径やポンプの潤滑に影響する因子．

4.3 ①ASTM 蒸留法：飽和状態での気化による試験．再現性があり，簡単に試験できることがメリット．デメリットは実際にエンジンにおける気化の条件とは異なること．

②平衡空気蒸留法：空気と燃料の比率を変化させながら気化状態を試験する．複雑であるが，実際のエンジンの気化状態に近い条件でも試験できる．

4.4 ①直接シリンダー内へ噴射するディーゼルエンジンの燃料供給の方法では，燃料粒子の分布がその後の燃料の蒸発，混合，燃焼に影響する．粘度は燃料噴射のときに噴霧の粒径に影響する．したがって，蒸発やシリンダー内での噴霧の分布として燃焼に影響する．

②燃料噴射のポンプなどの運動部分は燃料によって潤滑されている．ここでは潤滑油の役割も果たしている．

4.5 ①ガソリンエンジン用燃料で必要とされる重要な項目は，耐ノック性である．オクタン価として評価する．

②ディーゼルエンジン用燃料で重要な項目は，自己着火の特性である．セタン価として評価する．

4.6 耐ノック性はガソリンエンジンの異常燃焼を押さえる指標で，圧縮比との関係から熱効率にも影響する．試験方法は基準燃料（ヘプタン，オクタン）の混合したものと試験したい燃料のノックの起こり方が同じ場合の基準燃料のオクタンの体積割合として示す．

4.7 セタン価はディーゼルエンジン用の燃料の着火遅れの指標である．ディーゼルエンジンでは，着火遅れが長いと，燃焼が始まるまでの時間に多くの燃料が気化・混合して予混合気となる．そのため，燃焼が開始した一番初めの時期での予混合気の燃焼である初期燃焼の割合が大きくなり，騒音，振動，場合によっては熱損失の増加，最大圧力の上昇でのエンジンの破損など，問題がある燃焼となる．したがって，一般にはセタン価の高い着火遅れの短い燃料がディーゼルエンジンの燃料としては好ましい．

4.8 プロパンの分子式は C_3H_8 であるから，原子量を C：12，H：1 とすると，C，H の成分比 c，h は，

$$c = \frac{36}{44} = 0.818, \qquad h = \frac{8}{44} = 0.182$$

となり，発熱量の実験式(4.1)を使って，つぎのように求められる．

$$H_u = 34 \times 0.818 + 117.5 \times 0.182 = 27.81 + 21.39 = 49.2 \ [\mathrm{MJ/kg}]$$

4.9 エチルアルコールの分子量は

$$12 \times 2 + 1 \times 6 + 1 \times 16 = 46$$

である．よって，各成分比は c：0.522，h：0.130，o：0.348 となる．実験式(4.1)から発熱量はつぎのように求められる．

$$H_u = 34 \times 0.522 + 117.5(0.13 - 0.348/8) = 27.9 \ [\mathrm{MJ/kg}]$$

4.10 ヘキサンとオクタンの分子量はそれぞれ

$$12 \times 6 + 14 \times 1 = 86, \qquad 12 \times 8 + 18 \times 1 = 114$$

となる．ヘキサンとオクタンの割合は 1：2 であるから，C の質量割合 c は

$$c = \frac{12 \times 6 + (12 \times 8) \times 2}{86 + 114 \times 2} = \frac{264}{314} = 0.841$$

となり，同じように H の質量割合 h は

$$h = \frac{14 + 18 \times 2}{86 + 114 \times 2} = \frac{50}{314} = 0.159$$

となる．不純物はないので，発熱量を与える実験式(4.1)の o，s，$w = 0$ であり，この式から発熱量 H_u はつぎのように求められる．

$$H_u = 34 \times 0.841 + 117.5 \times 0.159 = 47.28 \ [\mathrm{MJ/kg}]$$

第5章

5.1 プロパン C_3H_8 を C と H に分解してそれぞれの燃焼生成熱の和として考えると，式(5.1)，(5.4)を用いてつぎのように求められる．

$$C + O_2 = CO_2 + 406.3 \ [\mathrm{MJ/kmol}]$$

$$H_2 + \frac{1}{2}O_2 = H_2O + 286.3 \ [\mathrm{MJ/kmol}]$$

$$\therefore \quad H_u = 406.3 \times 3 + 286.3 \times 4 = 2364 \ [\mathrm{MJ/kmol}]$$

正しい発熱量は，2220 MJ/kmol とされているからこれより 6.5%大きい値になっている．

5.2 高発熱量 286 MJ/kmol と低発熱量 241 MJ/kmol との差は，45 MJ/kmol である．気化潜熱分は，100°C では 40.6 MJ/kmol という値があり，上記の値と近い値である．

5.3 定圧燃焼の発熱量 H_p と定容燃焼の発熱量 H_v の間には，初めの状態を 0，燃焼終了後

の冷却状態を $1p$ とすると，

$$H_p = H_v - P_0(V_0 - V_{1p})$$

すなわち，燃焼前後で体積の変化（$V_0 - V_{1p}$）となる．モル数の変化があればこのカッコ内は 0 ではないので，定圧燃焼と定容燃焼の発熱量に差がでる．

5.4 プロパン C_3H_8 の酸化反応を考えてみると，

$$C_3H_8 + 5O_2 = 3CO_2 + 4H_2O$$

である．一方空気の組成は酸素 1 分子に対して窒素 3.76 分子であるから，つぎのように求められる．

$$C_3H_8 + 5O_2 + 5 \times 3.76N_2 = 3CO_2 + 4H_2O + 5 \times 3.76N_2$$

したがって，C_3H_8 が 44 kg に対して必要な空気である $O_2 + N_2$ の質量は $160 + 526.4 = 686.4$ kg なので，

$$\frac{（空気の質量）}{（燃料の質量）} = \frac{686.4}{44} = 15.6$$

となる．よって，空燃比 AFR は 15.6 である．

5.5 デカンの燃焼生成物を求める．$C_{10}H_{22}$ の分子量は 142，空燃比は 18 であるから，この燃料 142 kg に対して必要な空気の質量は 2556 kg．この質量の空気中には，18.53 mol の O_2 と 70.11 mol の N_2 が含まれている．

$$C_{10}H_{22} + 18.53O_2 + 70.11N_2 = 10CO_2 + 11H_2O + 3.03O_2 + 70.11N_2$$

燃焼ガスの平均比熱 c_p は

$$c_p = \frac{m_{CO_2} \cdot c_{pCO_2} + m_{H_2O} \cdot c_{pH_2O} + m_{O_2} \cdot c_{pO_2} + m_{N_2} \cdot c_{pN_2}}{m_{CO_2} + m_{H_2O} + m_{O_2} + m_{N_2}}$$
$$= 1.271\ [\mathrm{kJ/(kg \cdot K)}]$$

となる．よって，燃焼温度 T_b はつぎのように求められる．

$$\Delta T_b = \frac{H_u}{m \cdot c_p} = 1822 \qquad \therefore T_b = 20 + 1822 = 1842\ [°\mathrm{C}]$$

5.6 まず，オクタン C_8H_{18} の理論混合比を求めると，15.13 となる．反応式は次式となる．

$$C_8H_{18} + 12.5O_2 + 47N_2 = 8CO_2 + 9H_2O + 47N_2$$

ここで，燃焼前の予混合気のもつ熱量（発熱量を含む）と燃焼終了後の燃焼ガスのもつ熱エネルギーを燃焼温度を仮定して比較して等しくなるように繰り返し計算によって求める．比熱は本文の平均比熱を利用する．その結果，約 2076°C が求められる．

5.7 考慮すべき重要な 2 点は，①反応がとくに高温で行われる場合には熱解離という現象があること，②理論混合比付近では本文の反応式でも良いが，とくに燃料が多い条件では反応そのものが異なり，燃焼生成物が変わること，である．

第6章

6.1 圧縮比は無限大ではなく，どのようなエンジンでもすきま容積が存在する．基本的にはすきま容積にある燃焼ガスはエンジン外に排出できないので，残留ガスは必ず存在する．

6.2 ガソリンエンジンでは混合比がほぼ一定で運転されるため，吸入空気量と供給熱量が比例する．したがって，最大出力と吸入空気量は密接な関係にある．ディーゼルエンジンでは燃料供給は吸入空気量とは関係なく供給できるが，排気煙濃度が高くなるため，吸入空気量によって燃料供給の最大値が制限される．このため，最大出力と密接な関係がある．

6.3 2サイクルエンジンでは，シリンダー壁にあるポートで吸排気のタイミングが決まる．排気と新規の吸入がほぼ同じ時期に行われるため，排気の後半のまだ圧力の高い時期に新気の吸入もしなければならない．そのため，新気の加圧が必要になる．

6.4 空気の圧縮性があるため，高速回転時には吸気弁からの流入量がピストンの移動に追いつかない．そのため，シリンダー内は負圧になり，下死点でもまだ負圧のままになる．したがって，ステップ状に運動できたとしても高速回転では弁開区間を広くとったほうが吸入空気量は多くなる．

6.5 弁開区間はクランク角では $20 + 180 + 50 = 250^\circ$ である．反射波が吸気弁に戻ってくる時期が吸気弁閉前 50° が適当であるとすると，これに相当する時間は $5.56 \times 10^{-3}\,\mathrm{s}$ である．圧力波がこの時間で進む距離は $300 \times 5.56 \times 10^{-3} = 1.67\,\mathrm{m}$ である．したがって，吸気管長が $0.835\,\mathrm{m}$ 程度であれば，この条件で慣性過給が期待できる．

6.6 弁重合角が大きい例として，吸気弁の開時期が早すぎる場合は，シリンダー内の燃焼ガスの圧力が高く，吸気系へ燃焼ガスが逆流して残留ガスが多くなる．排気弁の閉時期が遅すぎる場合は排気弁から排気された燃焼ガスが再び吸入され，やはり残留ガスが増える．したがって，適度の弁重合角が存在することになる．

6.7 単純に2弁と4弁を比較すると，4弁式では開口面積は約37%増加する（例題6.2参照）．一方，弁1本あたりの重量は弁径の3乗に質量が比例すると約43%減少する．これらはいずれもエンジン性能としては有利な点である．一方，部品点数が増え，構造が複雑になるのは生産上や価格の面では欠点となる．

6.8 利点は，①掃気ポート，排気ポート付きエンジンでは弁が必要ないので，小型・軽量化できる，②NO_x の排出量が少ない，などである．欠点は，①掃気ポンプが必要である，②新気の吹き抜けがあり，ガソリンエンジンでは燃焼しない燃料量（損失）が多く，排気中のHC濃度が高く，熱効率も下がる，③ガソリンエンジンでは低負荷では残留ガスが増加しすぎて失火することがある，などである．

6.9 機械駆動式過給は過給によって出力が増加する，運転状態の変化に対して応答性が良いという利点がある．欠点はエンジンそのものの動力軸から動力を分けて使用するので，出力の損失になる．一方，排気タービン過給の利点は本来エンジン外にすてる排気エネルギーの一部を利用するので，効率上の損失は少ない．欠点は過渡的な負荷の変化に対する応答が機械過給に比べると劣ることである．

第7章

7.1 ベンチュリ部で空気の流速を上げ，その部分の圧力を下げる．大気圧の差圧は空気の流量の関数となる．これを利用して，ノズル部分の燃料の圧力と基本圧力（フロート室液面）との差で燃料を吸い出して混合比を一定に保つ．また，霧吹きのような状態にして燃料小さい燃料液滴（微粒化）して，蒸発を促進させる．

7.2　気化器方式の良い点は価格が燃料噴射方式に比べて安いことである．ただし，混合比の設定や応答性は燃料噴射より劣る．燃料噴射方式は混合比を的確に制御できること，多シリンダーの場合でもシリンダーごとの混合比の差が少ないことなどである．価格は気化器に比べると高い．

7.3　エンジンの燃焼する時間間隔は毎秒 50 回以上にもなる高速現象である．さらに，点火する時期はクランク角度で数度の精度で制御する必要がある．このため，点火は電気制御が可能な電気火花で行う必要がある．

7.4　火花を飛ばすために重要な部品は，電源（電池），高圧にするためのコイル，エンジンで火花を飛ばす点火プラグである．電源は一般に直流のため，点火したい時期に電流の変化を起こさせる．この電流変化によって点火コイルで電圧を上げ，適正な時期に点火プラグで放電する．

7.5　仮にエンジンの中の燃焼速度が一定であれば，回転数に比例して点火時期を前（早い）にしないと，燃焼が間に合わないことになる．しかし，燃焼速度はエンジンの回転数を上げるとガス流動の影響で早くなる．ただし，回転数に比例するほどには燃焼速度は速くならないため，ある程度点火時期を早くしてやらないと，燃焼が適正な期間に終了できない．そこで，回転数が高いほど点火時期をクランク角で早くする．

7.6　側弁式を除くと，ウエッジ型，半球型，ペントルーフ型などがあり，それぞれ目的と特徴がある．

ウエッジ型は弁をシリンダーの一方に配置する場合には設計しやすい．また，圧縮時のスキッシュ流が期待できる．半球型とペントルーフ型は，現在では弁の大きさや数の関係ではほとんど差はない．共に燃焼室の体積に比べて表面積が小さく，ここでの熱損失が低くできること，中心に点火プラグを配置できること（燃焼期間の短縮）などのメリットがある．側弁式はシリンダーヘッドを非常に簡単にできる特長があるが，圧縮比は上げられないため，熱効率が下がる．

7.7　吸入新気の流れには，シリンダー軸に垂直面内（シリンダーの水平面）の渦であるスワールとこれに垂直な面内流れであるタンブルがある．

7.8　ノックは，①燃焼で騒音が発生する，②熱効率が下がる，③出力が減少する，などの影響があるために好ましい燃焼ではない．

7.9　燃焼の後半では燃焼による圧力上昇で未燃ガスも圧縮され，温度が上がって非常に燃焼しやすい状況になる．このときに火炎伝播ではなく自己着火で燃焼が始まると，周辺の燃焼しやすい混合気は急激に燃焼してしまう異常燃焼となる（いつも起こるとは限らない）．

7.10　（1）　エンジンの構造としては，①点火プラグを中心に配置して火炎伝播距離を短くする，②ガス流動を強くして燃焼を早くする，③エンジンを冷却して燃焼後半の未燃ガスの温度を下げる，④効率は下がるが圧縮比を下げる，などの方法がある．

（2）　燃料については耐ノック性の高い燃料を使用する．

（3）　運転条件としては，一時的なノックの回避であれば，点火時期を遅らせる．

第 8 章

8.1　ディーゼルエンジンの燃料供給は，燃料ポンプと燃料噴射弁を用いて行われ，燃料供給はすべてシリンダー内にされる．燃料ポンプはエンジンの運転条件に対して適切な燃料の量を加圧して燃料噴射弁に送り出す．燃料噴射弁の多くは自動弁で，燃料の圧力が高くなると自動的に燃料を噴射するための孔が開き，燃料の噴射を始める．燃料ポンプからの圧力が下がると自動的に噴射弁が閉じて燃料噴射が終わる．

8.2　燃料噴射量の調節はコントロールラックによって行われる．コントロールラックは，燃料ポンプの送り出し用のピストンであるプランジャーをわずかに回転させ，加圧して送り出す最後の時期を変える．このプランジャーの回転によって切り欠きと燃料を逃がし穴が一致する時期が変更でき，燃料の送り出し量を調節できる．

8.3　エンジン内に噴射された燃料は微粒化して，少しずつ蒸発し，空気と混合する．この混合気が理論混合比付近でかつ温度が高いと自己着火して燃焼が開始する．その後は燃料の噴射がまだしばらく続き，燃料が蒸発しながら空気と混合し，初めに着火した燃焼火炎のエネルギーも受けながら燃焼が継続する．燃料が燃え終わると燃焼が終了する．なお，燃料の噴射期間と燃焼期間は同じではない．

8.4　噴射された燃料が長い間自己着火しないと，予混合気の量が増えて初めの予混合気燃焼の部分が多くなり，燃焼開始直後に急激な圧力上昇が起こり，圧力振動が発生する．対策としては，エンジンでは圧縮比を上げること，燃料としては着火遅れの短い燃料を使用すること，噴射初期の燃料の量を少なくするノズルを使うこと，などがある．

8.5　直接噴射式のエンジンの燃焼室は一つだけで，ピストンの中央付近に作られているくぼみであり，キャビティとよばれる．エンジンの大きさや目的によって，その断面は円形であったり四角であったりする．また，深さも深くして中央に寄せたものや，浅くて比較的周辺まで広げたものなど，さまざまである．これと燃料噴射ノズルの特徴，吸入したときの流れ（スワールなど），圧縮したときの流れ（スキッシュ）などによって，燃料の蒸発，混合を促進して燃焼を行わせる．

8.6　副室式の燃焼室には大きく分けて，予燃焼室と渦流室がある．予燃焼室は圧縮行程の最後の時期にここに燃料を噴射して燃焼を開始させるが，燃料の多くは連絡孔を通って主室に出てここで燃焼が行われる．渦流室では，意識的にここに強いガス流動を発生させ，多くの燃焼をここで行わせ，主室に燃焼ガスと未燃の燃料の混合気体を噴出させ，そこで残りの燃料の燃焼を行わせる．

8.7　燃焼室の形式としては，直接噴射式と副室式がある．副室式は主室・副室間に連絡孔がある．このため副室に圧縮行程で強い流れを発生でき，広い回転範囲での運転が可能である．また，燃焼騒音が少ない．直接噴射式エンジンでは連絡孔がないため，ここでの熱損失がなく，熱効率が良い．ただし，圧力が高い，燃焼騒音が大きいなどの欠点もある．現在ではディーゼルエンジンの特徴である熱効率のメリットを生かす直接噴射式が多い．

第9章

9.1　エンジンの構造部材は金属であり，燃焼ガスの高温によって温度が高くなりすぎると機械的強度が落ちるため，冷却が必要となる．冷却はエンジンの耐久性に対しては利点であるが，熱損失が多くなるという欠点もある（ただし，この熱損失を少なくしても熱効率が画期的に上がることはない）．

9.2　熱流束 q は，熱伝導率を λ，ガス温度・壁面温度をそれぞれ T_g，T_w，この壁の厚さを L とすれば，式(9.1)を用いてつぎのように求められる．

$$q = \frac{\lambda(T_g - T_w)}{L} = \frac{50 \times (180 - 100)}{20 \times 10^{-3}} = 200 \times 10^3 \,[\mathrm{W/m^2}]$$

この熱流束がガス温度・壁面温度をそれぞれ T_g，T_w，熱流束を q，熱伝達率を α で与えられたとすると，式(9.2)を用いてつぎのようになる．

$$\alpha = \frac{q}{T_g - T_w} = \frac{200 \times 10^3}{2000 - 200} = 111 \,[\mathrm{W/(m^2 \cdot K)}]$$

9.3 熱の移動は熱伝達によるとする．熱伝達率を α，ガス温度とピストンなどの壁面温度をそれぞれ T_g，T_w，ピストンの表面積を A_p，ヘッドの表面積を A_h，シリンダーの表面積を A_c とする．熱流束 q は，式(9.2)を用いてつぎのようになる．

$$q = \alpha(T_g - T_w) = 300 \times (2200 - 180) = 606 \times 10^3 \,[\mathrm{W/m^2}]$$

ここで，伝熱面積で燃焼室は円筒状であるとする．ピストンとヘッドの面積 A_p，A_h は同じで

$$A_p = A_h = \frac{\pi}{4} D^2 = 5.81 \times 10^{-3} \,[\mathrm{m^2}]$$

となり，シリンダーの壁面面積 A_c はストロークを S とすると，つぎのようになる．

$$A_c = \pi D \times S = 6.88 \times 10^{-3} \,[\mathrm{m^2}]$$

したがって，熱損失量 Q はつぎのように求められる．

$$Q = (A_p + A_h + A_c) \times q = 1.121 \times 10^4 \,[\mathrm{W}]$$

ただし，実際にはピストンの下降に伴って，燃焼ガスの温度は下がり，伝熱面積は大きくなるので正確にはこのような計算にはならない．あくまで一つの目安である．

9.4 空冷では循環させる水やポンプ，ラジエーターなどがいらないため，コンパクトで安価に製作できるメリットがある．反面，熱流束は大きくできないので，冷却能力は劣る．水冷式では関係する装置が多くなり，複雑にはなるが，大きな熱負荷にも耐えられるため，高出力エンジンでは水冷で対応する．

9.5 摩擦の低減方法は大きく分けて二つある．一つは摺動部分を潤滑油で潤滑する方法であり，これは油膜を作って金属間の摩擦抵抗を潤滑油の粘性によって引き受け，抵抗を減らす方法である．もう一つは摺動部分の面積を減らしたり，摺動そのものを少なくする方法であり，各種の軸受けはこれらの両方を考慮して使用される．

9.6 粘度指数の意味は，この数値が大きいと温度による粘度の変化が少ないことを表す．一般に，油の粘度は温度によって大きく変化する．エンジンは，始動時の比較的低温から，全負荷運転の高温まで条件が変わるので，このような温度変化があっても粘度の変化が少ないことが必要条件となる．したがって，粘度指数が大きいものが優れた潤滑油である．

9.7 シリンダーとピストン（ピストンリング）の間，吸排気バルブを動かすカムとロッカーアームの間，吸排気弁の弁軸（バルブステム）とそれのガイドの間などのような摺動部分は潤滑油によって摩擦の低減が行われる．ピストンとそれを支えるピストンピン，コンロッドとクランクシャフトの間には滑り軸受け（メタル）が使用され，ここにも潤滑油が供給される．クランクシャフトの両端にはころがり軸受け（ベアリング）が使用される．

第10章

10.1 吸収式の動力計では，吸収されたエネルギーは電気動力計では制動用の金属円板の温度上昇に，水動力計では水の温度上昇になる．結局，空気や水の温度上昇という形で周辺環境に排出される．

10.2 エンジンの平均的な運転状態を知るには，軸出力の計測が用いられるが，1回ごとの燃焼状態は判断できない．毎回の燃焼状態を知るためには，燃焼圧力を計測する必要がある．

指圧計に要求される条件は，①圧力に対して十分な出力があること，②早い圧力変化に対する応答性が十分であること，③温度の影響を受けにくいこと，④小型であること，などである．

10.3 一般的には探してもなかなか見つからないかもしれない．インターネットで「分光分析」「吸収スペクトル」「ガス分析」などのキーワードで検索すると，計測関係のデータとして見つかる．ここでは分析用によく使用される赤外域のものを例示する．NOで5.3 μm，COで4.63 μmがよく利用される．もちろん，気体の吸収スペクトルは一般には一つだけではなく，これ以外にも多数ある．計測用には，ほかの光の影響を受けにくいこと，その波長での吸収が大きいこと，検出するセンサーがあること，が利用条件になる．

10.4 気体の密度変化によって光の屈折率が変化することを利用した画像計測方法の一つである．この場合は燃焼ガスと未燃ガスの密度差を利用する．燃焼ガスでなくても，密度差があれば当然利用できる．シュリーレン法は平行光を燃焼している部分にあて，それをレンズなどで集光する．集光部分に遮蔽板（シュリーレンストップ）を置き，屈折した光だけをとらえる方法である．シュリーレンストップのないものは影写真（シャドーグラフ）とよばれる．

10.5 重要な評価項目は，出力性能，燃費性能，低公害性である．エンジンに要求される性能は単に出力が大きいだけではなく，燃費も良く，排気ガスがきれいであることが要求される．これらは相反する内容が多く，すべてを同時に達成するのは非常に難しい．

10.6 エンジンの出力を評価する場合に，出力を絶対値で評価せず，単位行程容積あたりの出力として評価する．エンジン行程容積の大小の因子を含まないので，エンジンの基本設計などの優劣を評価でき，かつコンパクトで出力の大きいエンジンであるかどうかを評価できるため，とくに設置スペースや移動用動力源の評価方法として有効利用できる．

10.7 ガソリンエンジンではHC，COは不完全燃焼で発生する．したがって，完全燃焼に近づければ，燃焼においても削減が可能である．NOは高温で酸素が十分にあるときに発生する．燃焼に対してはEGR（排気ガス再循環）によって燃焼温度を下げて，NOの生成量を少なくする．さらに，エンジンから排出された後に3元触媒を使い，CO，HC，NOのすべての低減を図る．

10.8 NO_xを燃焼しているところで削減する方法としては，「燃焼温度を下げる」方法がもっとも有効で実用的である．燃焼温度を下げる方法は排気ガス再循環である．これは，燃焼ガスという不活性な気体を吸入する新気に混合する方法である．不活性なガスが新気に混ざることによって，「発熱量は増えない」で「熱容量が増える」ために燃焼温度が下がる．NO_xの反応は温度に非常に敏感なので，わずかな温度低下でも大きな濃度削減効果がある．

10.9 ディーゼルエンジンでは拡散燃焼のため，部分的に濃い混合比で燃えることは避けられない．したがって，ほとんどの運転条件で PM が発生する．PM の抑制は燃焼時になるべく希薄条件で燃焼させる必要があるが，あまり希薄な条件では燃料が少ないため十分な出力は出せない．EGR（排気ガス再循環）も行われている．エンジンから排出後にトラップによって補集する方法もある．トラップの方法はトラップした PM をどのように除去するか，トラップの装置の価格がなお課題である．

索　引

■英　数

■あ　行

■か　行

■さ　行

■ た　行

■ な　行

■ は　行

■ ま 行

■ や 行

■ ら 行

■ わ 行

著　者　略　歴

田坂　英紀（たさか・ひでのり）

1965年　東京工業大学工学部機械工学科卒業
1965年　東京工業大学工学部助手
1983年　東京工業大学工学部助教授
1983年　宮崎大学工学部教授
2007年　宮崎大学名誉教授
　　　　現在に至る
　　　　工学博士
著　書　「自動車エンジンの排気浄化」（分担）日本学術振興会（1981）
　　　　「自動車工学便覧（第4版）」（分担）自動車技術会（1983）
　　　　「燃焼のレーザ計測とモデリング」（分担）丸善（1987）
　　　　「伝熱工学（第2版）」森北出版（2005）
　　　　「現象から学ぶ燃焼工学」森北出版（2007）など
　　　　2007年に上記執筆などの功績により日本機械学会賞受賞.

編集担当　加藤義之（森北出版）
編集責任　石田昇司（森北出版）
組　　版　中央印刷
印　　刷　　同
製　　本　協栄製本

内燃機関（第3版）

1995年10月30日　第1版第1刷発行
2005年3月10日　第1版第9刷発行
2005年8月31日　第2版第1刷発行
2014年3月10日　第2版第7刷発行
2015年11月25日　第3版第1刷発行
2020年3月10日　第3版第4刷発行

著　　者　田坂英紀
発 行 者　森北博巳
発 行 所　**森北出版株式会社**
　　　　　東京都千代田区富士見1-4-11（〒102-0071）
　　　　　電話 03-3265-8341／FAX 03-3264-8709
　　　　　https://www.morikita.co.jp/
　　　　　日本書籍出版協会・自然科学書協会　会員
　　　　　JCOPY ＜（一社）出版者著作権管理機構 委託出版物＞

落丁・乱丁本はお取替えいたします.

Printed in Japan／ISBN978-4-627-60533-6